ZOOLOGIE

DES ÉCOLES, DES SALLES D'ASILE

ET DES FAMILLES

PAR

Mme PAPE-CARPANTIER

QUATRIÈME SÉRIE

AIGLE — HIBOU — PERROQUET — HIRONDELLE
COQ ET POULE — DINDON — AUTRUCHE — HÉRON ET CYGNE
CANARD ET OIE — PÉLICAN ET MANCHOT

Huitième Édition
ILLUSTRÉE DE GRAVURES DANS LE TEXTE

PARIS

LIBRAIRIE HACHETTE ET Cie

79, BOULEVARD SAINT-GERMAIN, 79

1 fr. 50

COURS D'ÉDUCATION ET D'INSTRUCTION

Par Mᵐᵉ PAPE-CARPANTIER

A L'USAGE DES ÉCOLES ET DES FAMILLES

Les volumes destinés aux élèves sont imprimés dans le format grand in-18,
contiennent des gravures, et se vendent cartonnés.

CE COURS COMPREND DEUX ANNÉES PRÉPARATOIRES
UNE PÉRIODE ÉLÉMENTAIRE ET UNE PÉRIODE MOYENNE

PREMIÈRE ANNÉE PRÉPARATOIRE (de 5 à 7 ans).

Enseignement de la lecture, à l'aide du procédé phonomimique de M. Grosselin. 50 c.
Tableaux (30) reproduisant la méthode. 3 fr.
Enseignement de la lecture, Exercice complementaire. 1 vol. 30 c.

Petites lectures morales; premières notions de grammaire. 50 c.
Premières notions d'arithmétique, de géométrie et du système métrique. 50 c.
Premières notions de géographie et d'histoire naturelle, 75 c.

DEUXIÈME ANNÉE PRÉPARATOIRE (de 7 à 8 ans).

Lectures morales et instructives; grammaire. 1 vol. 1 fr.

Histoire naturelle; leçons préparatoires à l'étude de l'hygiène. 1 fr.

PÉRIODE ÉLÉMENTAIRE (de 8 à 10 ans).

Manuel des maîtres, guide de la période élémentaire. 2 fr. 50
Grammaire accompagnée d'exercices; lectures et dictées. 2 fr. 50
Arithmétique; géométrie; système métrique. 1 fr. 50

Premiers éléments de cosmographie; géographie. 1 vol. 1 fr. 50
Histoire naturelle. 1 fr. 50
Premières notions d'hygiène, de physique et de chimie. 1 fr.

PÉRIODE MOYENNE (de 10 à 12 ans).

Grammaire, accompagnée de dictées-exercices. 1 fr. 50
Éléments de cosmographie; géo-

graphie de l'Europe. 2 fr. 50
Arithmétique; système métrique; géométrie; dessin. 2 fr.

699-11. — Coulommiers. Imp. PAUL BRODARD. — 5-11.

ZOOLOGIE

DES ÉCOLES, DES SALLES D'ASILE

ET DES FAMILLES

Cette ZOOLOGIE, *histoires et leçons explicatives* destinées aux écoles et aux salles d'asile, forme cinq volumes qui se vendent séparément.

Les trois premiers volumes coûtent 1 fr. 25 c. chacun; le quatrième volume, 1 fr. 50 c., et le cinquième volume, 2 francs.

Une série de dix grandes images imprimées en chromolithographie correspond à chaque volume et se vend 5 francs en feuille et 10 fr. collée sur 10 cartons et vernis.

1° *série*. Introduction à l'étude de la Zoologie. — Singe. — Ours. — Blaireau. — Loutre. — Lion. — Tigre. — Chat. — Hyène. — Loup et Renard. — Chien.

2° *série*. Castor. — Lièvre. — Vache et Bœuf. — Mouton. — Chèvre. — Chamois. — Cerf. — Renne. — Chameau. — Girafe.

3° *série*. Porc. — Sanglier. — Hippopotame. — Cheval. — Ane. — Rhinocéros. — Éléphant. — Kangouroo et Sarigue. — Phoque. — Baleine.

Les trente images des trois premières séries se vendent aussi divisées en *Animaux domestiques* : 10 sujets, 5 francs et *Animaux sauvages* : 20 sujets, 10 francs.

4° *série*. Aigle. — Hibou. — Perroquet. — Hirondelle et Moineau. — Coq et Poule. — Dinde et Dindon. — Autruche. — Héron et Cygne. — Canard et Oie. — Pélican et Manchot.

5° *série*. Chauve-souris. — Paresseux et Écureuil. — Oiseau-mouche. — Paon. — Vipère, Lézard, Tortue et Grenouille. — Carpe, Cyprin doré et Anguille. Araignée et Scorpion. — Ver à Soie, Abeille et Libellule. — Écrevisse. Sangsue et Lombric. — Huîtres, Moule et Coraux. — Récapitulation et classification.

699-11. — Coulommiers. Imp. PAUL BRODARD. — P6-11.

ENSEIGNEMENT PAR LES YEUX

ZOOLOGIE

DES ÉCOLES, DES SALLES D'ASILE ET DES FAMILLES

PAR

Mme PAPE-CARPANTIER.

QUATRIÈME SÉRIE

AIGLE — HIBOU — PERROQUET — HIRONDELLE
COQ ET POULE — DINDON — AUTRUCHE — HÉRON ET CYGNE
CANARD ET OIE — PÉLICAN ET MANCHOT

Huitième Édition
ILLUSTRÉE DE GRAVURES DANS LE TEXTE

PARIS

LIBRAIRIE HACHETTE ET Cie

79, BOULEVARD SAINT-GERMAIN, 79

1911

ZOOLOGIE

DES

ÉCOLES ET DES SALLES D'ASILE

QUATRIÈME SÉRIE

L'AIGLE

(UN ROI DANS LA MONTAGNE)

Sur un beau lac d'Italie, presque au pied des Apennins, glissait doucement une barque dans laquelle étaient l'oncle Julian et son neveu Piétro, enfant déjà fort au travail et appliqué à l'étude.

Quand leur journée était finie, ils venaient jeter leurs lignes aux poissons, et se rafraîchir au souffle de la brise.

Ce soir-là, au léger balancement de la barque sur les petites vagues, Piétro chantait à mi-voix des couplets d'une vieille ballade.

« J'ai vu un cygne blanc; j'ai vu un cygne blanc » voguer sur le lac, et quand le soir est venu, et

» qu'il a fait noir sous les aunes, le cygne s'est en-
» volé ; il a plané et puis il a disparu...
    » Je voudrais bien être le cygne blanc !

    » Au sommet de la tour l'hirondelle a suspendu
» son nid ; l'hirondelle est légère et prévoyante. Elle
» nichait sur les hautes tourelles. Mais voilà qu'elle
» songe à s'en aller. Qui lui a parlé d'hiver?
    » Elle tourne trois fois autour du sommet de la
» tourelle, puis elle s'élance dans l'espace et dispa-
» raît à l'horizon.
    » Ah ! je voudrais bien, je voudrais bien être l'hi-
» rondelle !

    » L'aigle a son aire sur le rocher : — sur la cime
» du rocher est bâtie l'aire de l'aigle. L'oiseau rapide
» et superbe s'élève dans les airs et disparaît au-
» dessus des nuages étincelants....
    » Je voudrais bien être l'aigle aux ailes puis-
» santes ! »
    — Regarde, oncle Julian, regarde ! s'écrie Piétro
en interrompant brusquement sa chanson ; vois-tu
ce point noir dans les nuages?
    — Oui, je le vois, répondit l'oncle. Il descend, il
s'approche... C'est un aigle, un aigle de rocher.
    — On le distingue fort bien maintenant. Regarde
encore, il s'élève et redescend, il bat des ailes ; on
dirait qu'il guette une proie.
    — C'est sans doute le même que Lorenz a aperçu
l'autre jour ; il a son aire là-haut, sur cette grande
roche grise qui dépasse la cime des sapins.

— Il faudra prévenir Luigi le chasseur et ses frères; ce sont les plus adroits et les plus vaillants *dénicheurs d'aigles* des environs.

— C'est bien inutile, reprit Julian, le rocher est inaccessible.

— Oh! Luigi est si habile! Tu sais, cette dent de rocher qui se dresse au détour de la gorge noire.

— La *Tête-du-Lion?*

— Justement. Tu sais qu'il est impossible d'y arriver d'en bas, puisque le torrent roule au pied. Du côté du ravin, il y a une large fente, un escarpement à pic qui est aussi vraiment infranchissable. La roche est si polie qu'on ne trouve pas le moindre point d'appui.

— Et Luigi l'a gravie?

— Tu l'ignorais? C'était l'année dernière. Des aigles de la plus grande espèce avaient bâti leur aire au sommet de la Tête-du-Lion. Déjà plusieurs chasseurs avaient tenté l'escalade, car de tous côtés on se plaignait des rapines de ces oiseaux de proie. A chaque instant, on entendait dire que des agneaux avaient été enlevés ou déchirés par eux. Mais voici ce qu'il y avait de plus inquiétant: c'est que la vieille Pia qui habite à l'extrémité du village...

— Celle qui garde les petits enfants?

— Oui. Eh bien, elle avait vu deux aigles énormes tournoyer d'une manière suspecte autour d'une petite fille de deux ans qui jouait sous sa garde à quelques pas de la maison. Dis donc, mon oncle, crois-tu qu'ils eussent pu en effet enlever cette petite fille?

— Il n'est que trop vrai : maintes fois des enfants même au-dessus de cet âge ont été enlevés par des aigles.

— Luigi le disait, et c'est ce qui le décida à cette tentative hardie. Il y avait sur les flancs du rocher, au-dessus du torrent et du nid des aigles, un grand sapin dont les racines étaient presque mises à nu par l'action des pluies. Luigi gravit comme il put jusqu'au sapin ; il y attacha une longue corde, s'attacha lui-même à l'autre extrémité, puis se fit descendre jusqu'à la hauteur de l'aire. Ah ! mon oncle, si tu l'avais vu suspendu ainsi au-dessus de l'abîme !... Il tournait, il était balancé... c'était effrayant !

— Et que trouva-t-il ?

— Il trouva l'aire sous un pan de rocher qui la cachait aux regards. Elle contenait deux aiglons déjà forts. Autour d'eux gisaient les ossements des animaux qui leur avaient été apportés par le père et la mère pour les nourrir. Luigi s'empara des deux aiglons et détruisit l'aire.

Comme il s'en revenait rapportant sa proie, on vit les aigles père et mère s'abattre du haut des airs, et tournoyer autour de leur nid dévasté. Ils poussaient des cris aigus. Ils allaient et venaient d'un vol heurté et désespéré, cherchant leurs petits ou les attendant, mais en vain. Ils restèrent ainsi jusqu'au soir ; puis, comme la nuit approchait, ils prirent leur vol du côté des montagnes, et depuis on n'en a plus entendu parler.

Piétro se tut, et la barque, en se balançant, fit

seule entendre un petit clapotement de vagues.....

— Nous perdons notre temps, Piétro, dit Julian après un moment de silence ; nous ne pêcherons rien aujourd'hui. Ramenons à terre notre bateau.

— Il est encore de bonne heure, mon oncle ; le temps est si beau !

— Alors, plions nos lignes ; prenons la rame, et promenons-nous.

Le lac était uni comme un miroir. Du côté du couchant s'étendait, semblable à un rideau noir, une chaîne de hautes montagnes couvertes de forêts de sapins, entre lesquels s'ouvrait la gorge étroite où se précipitait le torrent. A l'est, étaient des collines accidentées, pittoresques ; des fourrés impénétrables, étagés sur des pentes rocheuses. Le soleil s'abaissait à l'horizon ; tout un côté de la vallée était déjà dans l'ombre. Au pied des grands rochers, les eaux, abritées de toutes parts, étaient limpides et bleues comme le saphir. Il faisait bon causer, et les aigles volaient dans la tête de Piétro.

— Est-ce que tu connais beaucoup les aigles, oncle Julian ? demanda-t-il ; moi je ne les ai vus que de loin, ce n'est pas les connaître.

— J'en sais assez sur leur compte, répondit Julian, pour te dire que l'aigle est parmi les oiseaux ce que le lion est parmi les quadrupèdes ; c'est le plus fort, le plus hardi, le plus redoutable ; enfin c'est le *Roi* des *oiseaux de proie.*

— Qu'est-ce que les oiseaux de proie ?

— Ce sont des oiseaux qui se nourrissent de chair, comme les carnivores, et qui sont parmi les ani-

maux couverts de plumes, ce que sont les bêtes
féroces parmi les animaux habillés de poil. On les
appelle en général des *Rapaces* ou *Accipitres*. Les
plus grands aigles, ceux qui habitent les montagnes, ont plus d'un mètre de longueur, et leurs ailes
étendues mesurent quelquefois près de trois mètres
d'envergure.

— Et ils sont forts à proportion?

— Leur force est telle qu'ils peuvent enlever de
terre, au vol, un agneau, un chevreau ou un faon,
et l'emporter dans leurs serres jusqu'à l'aire qu'ils
se sont construite.

— Qu'est-ce que leurs *serres?*

— On appelle ainsi les ongles crochus des oiseaux
de proie. Les ongles de l'aigle sont *rétractiles* comme
ceux des chats, creux en dessous, et garnis de trois
lames tranchantes comme des couteaux, avec lesquelles il hache la victime qu'il a saisie. Ces ongles
serrent leur proie comme un étau, d'où vient le
nom de *serres* qui leur a été donné.

L'aigle a le bec recourbé, fort et tranchant; c'est
le complément naturel de ses armes. Les jambes
sont courtes, robustes, et couvertes de plumes jusqu'à la naissance des doigts, comme certaines
espèces de poules et de pigeons.

Les aigles sont extrêmement voraces, et font une
énorme consommation de gibier, surtout lorsqu'ils
ont des petits à nourrir. C'est au point que, dans
certains endroits, les paysans, au lieu d'aller à la
chasse, s'efforcent d'atteindre jusqu'à l'aire d'un
aigle, en son absence bien entendu, pour s'emparer

Aigle royal.

du gibier qui s'y trouve en quantité : lièvres, lapins,
oies, canards, poulets, petits chiens même... car
tout leur est bon, et ils causent beaucoup de dom-
mages.

— Les paysans, dans ce cas, sont des voleurs qui
en volent d'autres, observa Piétro.

— Précisément. Mais ce n'est pas toujours sans
danger ; les aigles reviennent parfois subitement, et
livrent aux larrons des luttes redoutables.

— Comment est-ce donc fait l'aire d'un aigle ?

— C'est une sorte de nid grossier, plat comme
celui des cigognes, et non pas creux comme le nid
des autres oiseaux. Les aigles choisissent pour s'y
établir une place naturellement plane, sur un rocher
isolé, dans un lieu sauvage, où ne se trouve aucun autre couple de leur espèce. Ils y entassent des
branches d'arbres, les plus grosses dessous, puis
par-dessus des rameaux de plus en plus minces et
légers. Cette sorte de *jonchée* a près de soixante centimètres d'épaisseur, et d'un à deux mètres de lar-
geur. La partie supérieure est dressée avec beaucoup de soin ; on l'appelle le *plancher* de l'aire ;
c'est là que la femelle dépose deux, quelquefois trois
œufs, pour les couver ensuite pendant trente jours.
Quand les petits sont éclos, la mère reste encore
au nid pour les protéger et les élever, tandis que
le père chasse pour leur apporter la nourriture.
Puis, lorsqu'ils sont assez forts pour voler de leurs
propres ailes, le père et la mère les chassent du
nid à coups de bec, pour les envoyer vivre au
loin.

— Est-ce qu'on ne cherche pas à tuer ces animaux destructeurs ?

— Si ; mais les aigles planent si haut, et leur vol est si rapide, qu'il est presque impossible de les atteindre d'un coup de fusil. Ils s'élèvent dans l'espace au-dessus de tout être vivant, et franchissent, d'un seul coup d'aile, vingt mètres en une seconde, ou si tu le préfères, douze cents mètres en une minute.

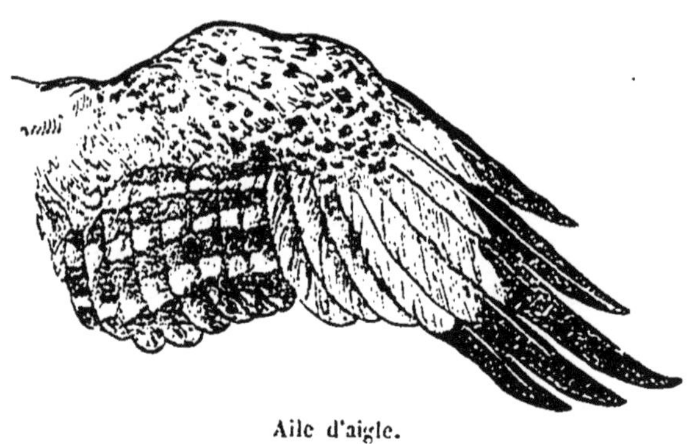

Aile d'aigle.

— Ce qui fait, si je ne me trompe, dix-huit lieues à l'heure.

— Exactement ; mais l'aigle ne soutient pas son vol pendant un si long temps. Il s'arrête même d'une manière si subite, que l'œil en est trompé et déconcerté.

Les aigles ont la vue très perçante, et la structure particulière de leur œil leur permet d'apercevoir le

plus petit gibier à des distances inimaginables. Mais
ne va pas croire qu'ils regardent fixement le soleil,
comme on le dit quelquefois ; leurs yeux sont au
contraire très sensibles, et, comme les autres oiseaux de proie, la lumière trop vive les éblouit ;
c'est même à la chute du jour qu'ils y voient le
mieux et chassent de préférence. Ils ont aussi l'ouïe
très fine, et contrairement à la plupart des autres
oiseaux, l'odorat très délicat.

— Où sont donc leurs narines et leurs oreilles ?

— Leurs narines sont deux ouvertures allongées,
et percées dans la partie supérieure d'une membrane appelée *cire*, qui entoure leur bec à sa base.
Quant à leurs oreilles, elles sont faites comme celles
de tous les oiseaux : on n'en voit extérieurement
que deux trous cachés sous les plumes aux deux
côtés de la tête.

— Tous les aigles sont-ils de couleur brun sombre, comme ceux de notre contrée ?

— Ils sont tous de couleur plus ou moins foncée,
entre le fauve et le blanc. Ceux de l'Amérique du
Nord ont la tête blanche. L'*Aigle de mer*, qui vit
de pêche, et qui se trouve dans le nord de l'Asie, a
la queue et la moitié des ailes blanches. L'*Aigle-
tyran* porte une huppe sur la tête, ainsi que la
Harpie, autre espèce d'aigle au regard affreux, qui
habite, comme l'aigle-tyran, certaines parties de
l'Amérique du Sud. En général, le plumage de l'aigle varie pendant les six premières années, et ne se
fixe qu'après cet âge. Le plus beau et le plus fort de
tous, c'est le grand aigle de rochers, celui qu'on ap-

pelle l'*Aigle royal*. Il est brun foncé ; son cri éclatant et terrible épouvante, comme celui du lion,
les animaux dont il fait sa proie. Enfin, comme si
tout devait être prodigieux chez cette bête redoutable, on prétend qu'il vit plus d'un siècle!

— Est-ce qu'il y a beaucoup d'espèces d'oiseaux
de proie? demanda Piétro.

— J'en connais bien dix ou douze espèces assez
communes. Les uns chassent le jour, comme les
aigles, les vautours, les faucons, les éperviers, les
buses; *les autres chassent la nuit, comme les chouettes, les chats-huants, les hibous.* Ceux-là ont les
yeux disposés de manière à y voir mieux la nuit
que le jour; aussi les appelle-t-on *Rapaces nocturnes;* tandis que les autres sont appelés *Rapaces
diurnes*, c'est-à-dire de jour.

Tous les rapaces diurnes ne sont pas gros comme
l'aigle, il y en a même de très petits, témoin l'éme-
rillon, le plus petit de nos contrées. Mais, grands ou
petits, tous ont les mêmes mœurs féroces, à cette
seule différence près que ceux qui sont plus petits
attaquent des proies plus petites.

Il y en a de grandes espèces, les *Vautours* et les
Condors, qui ne chassent pas de proies vivantes;
ceux-là se nourrissent de chair morte, et souvent à
moitié corrompue.

— Pouah! fit Piétro avec un geste de dé-
goût.

— Cela est répugnant sans doute, mais les vautours rendent de grands services en faisant dispa-
raître des contrées où ils se trouvent les cadavres

d'animaux qui empesteraient l'air, et sèmeraient la
maladie parmi les hommes. En Amérique, par

Roi des vautours.

exemple, ils viennent jusque dans les villes faire
leur office de *dépurateurs;* et comme l'on sait ap-

précier l'utilité de leur fonction, on se garde bien
de détruire les vautours.

— N'est-ce pas aussi la fonction du porc dans la
ferme? demanda Piétro.

— Sans doute, et c'est ainsi que les animaux les
moins délicats ont leur utilité dans l'ordre de la
nature. Du reste, ce n'est pas le seul service que
nous rendent beaucoup d'oiseaux, même des plus
petits, et il n'y a pas de sottise plus grande que de
leur faire la guerre.

— Mon oncle! s'écria tout à coup Piétro, mon
oncle, vois donc au-dessus de ta tête!...

La barque, à ce moment, se trouvait rapprochée
d'un escarpement élevé qui bordait le lac de ce côté.
Julian leva les yeux.

— Le vois-tu? le vois-tu? criait Piétro.

— Mais quoi? quoi donc?

— L'aigle! celui que nous voyions tout à l'heure
planer au-dessus des rochers. Vois-le, il est là, il bat
des ailes; il est juste au-dessus de la grande fente.

— Que regarde-t-il donc? avance un peu... Tour-
nons la pointe du rocher, vivement, Piétro!

Les deux rameurs donnèrent un vigoureux coup
de rames; et la barque ayant tourné, ils virent un
spectacle étrange.

Au fond de la *fente*, comme l'appelait Piétro,
sorte de fissure étroite, ouverte autrefois sans doute
par quelque craquement formidable du rocher, un
pauvre petit chamois, sans cornes encore, et à peine
de la taille d'un chevreau, se tenait blotti, immobile
de terreur.

L'aigle planait au-dessus, le regardant d'un œil
avide, et battant des ailes comme déjà sûr de sa
proie. C'était un grand aigle brun, un aigle royal;
il s'élevait, s'abaissait, tantôt couvant de l'œil le
petit chamois du haut des airs, tantôt se perchant
sur la crête du rocher, et là, les ailes déployées, les
serres crispées, le cou tendu, il semblait prêt à fondre sur la pauvre petite bête sans défense.

Heureusement pour le chamois, la fissure était
trop étroite pour que l'aigle y pût descendre au vol;
ses larges ailes n'auraient pas eu la place de s'y
mouvoir, aussi s'efforçait-il d'effrayer le chamois
pour le faire sortir de son asile. Il semblait vouloir
l'intimider par ses cris, le fasciner sous ce regard
fixe et perçant de l'oiseau de proie qui dit à sa victime: «Tu ne m'échapperas pas!»

— Pauvre petite bête, s'écria Piétro. Comment
faire pour la sauver! Cet affreux oiseau va finir par
l'avoir et la déchirer. Si nous abordions?

— Oui, rame! répondit Julian; et l'oncle, saisis-
sant le gouvernail, dirigea habilement la barque
entre les rochers.

A ce moment, le pauvre chamois, ne pouvant supporter plus longtemps l'angoisse dans laquelle il était
tenu, s'élance du fond de la fissure. Mais, égaré par
la frayeur, il bondit au delà du point qu'il voulait
atteindre, dépasse le bord du précipice, roule et
tombe dans le lac, à vingt pas des deux pêcheurs.
L'oncle et le neveu font aussitôt volte-face, et se
dirigent à force de rames vers l'endroit où le malheureux chamois se débattait sur l'eau; mais l'aigle,

plus rapide qu'eux, s'était aussi élancé du haut des rocs, et s'abattait sur sa victime.

— Tire! tire! s'écria Julian, tire et vise bien!

Piétro saisit son fusil qui était au fond de la barque, tout armé comme il le faut pour les chasses à l'oiseau. Il vise avec un battement de cœur, fait feu!...

— Touché! touché! s'écria Julian en battant des mains. Bien visé, Piétro; vois! l'aigle a lâché prise, il remonte, mais faiblement; son vol est lourd, il tournoie, il se ralentit; il aura peine à regagner son aire.

— Brigand! dit Piétro, va dire à tes petits... car il a des petits, lui aussi! ajouta l'enfant d'un air perplexe. C'était peut-être pour leur donner à souper qu'il voulait emporter le chamois? Pauvre bête!... Tout cela est bien triste!...

—Au chamois maintenant! interrompit Julian, ne vois-tu pas qu'il se noie?

Ils atteignirent l'animal et l'attirèrent dans leur barque.

— Pauvre petit, il est tout ensanglanté, disait Piétro en essuyant le chamois, qui, épuisé par la lutte, se laissait faire sans résistance.

— Ce ne sera rien, dit Julian, la peau seule est entamée. L'aigle a eu peur de l'eau, et il a manqué son coup. Chamois, mon doux ami, tu l'as échappée belle!

Mais maintenant, continua l'oncle après un moment de silence, qu'allons-nous faire de cet animal? Je ne voudrais vraiment pas l'avoir sauvé des serres de l'aigle pour qu'il fût mis à la broche.

— A la broche ! s'écria Piétro en serrant le chamois dans ses bras. Oh ! non pas ! Nous le porterons
à la vieille Pia. Elle aime les enfants ; les enfants
aiment les bêtes ; elle les élèvera tous ensemble.

Questionnaire

A quel ordre appartient l'aigle ?
Pourquoi nomme-t-on ces oiseaux *rapaces diurnes ?*
De quoi se nourrissent les rapaces ou oiseaux de proie ?
Quelle est la forme de leur bec ?
De leurs pieds ?
Jusqu'où leurs jambes sont-elles revêtues de plumes ?
Pourquoi appelle-t-on leurs pattes des *serres ?*
Les oiseaux de proie sont-ils forts et rapides dans leur vol ?
Quel est le plus remarquable des oiseaux de proie ?
Quelle est la taille de l'aigle ?
De quelle manière montre-t-il sa force prodigieuse ?
Cet oiseau s'élève-t-il très haut dans les airs ?
Quelle est la longueur de ses ailes étendues ?
Les aigles font-ils une grande destruction de gibier ?
A quelle heure du jour chassent-ils de préférence ?
La vue de l'aigle est-elle perçante ?
Est-il vrai qu'il regarde fixement le soleil ?
Son odorat est-il assez fin pour l'aider à découvrir sa proie ?
Où sont placées ses narines ?
Ses oreilles ?
Qu'est-ce que l'*aire* d'un aigle ?
Où l'aigle bâtit-il son aire ?
Avec quels matériaux ?
Quelle est l'étendue et l'épaisseur de l'aire de l'aigle ?
Combien les aigles ont-ils ordinairement de petits ?
Comment se nomment les petits de l'aigle ?
Combien de temps les aigles couvent-ils leurs œufs ?
Quelle nourriture les aigles apportent-ils à leurs aiglons ?
Est-il difficile d'atteindre à l'aire de l'aigle ?
Cet oiseau est-il à craindre quand il se défend ?

Est-il facile de tuer un aigle d'un coup de fusil?
Pourquoi non?
Pourquoi cherche-t-on à détruire les aigles?
A quel animal féroce a-t-on comparé l'aigle?
Les aigles sont-ils fort communs?
Vivent-ils longtemps?
Quelle est la plus grande espèce d'aigle dans nos contrées?
Citez quelques autres oiseaux de proie.
Les buses, les éperviers, les faucons, sont-ils plus grands ou
   moins grands que l'aigle?
Leur manière de vivre et de chasser est-elle à peu près al
   même ?
Qu'est-ce que le *vautour*?
En quoi sa manière de se nourrir diffère-t-elle de celle des
   aigles, des éperviers, des buses, etc.?
De quelle utilité ces oiseaux sont-ils dans certains pays? ¿
Pourquoi la loi protége-t-elle ces oiseaux, en Amérique?
Quelle peut être l'utilité des oiseaux de proie en général
Quel doit être le rôle de l'homme à l'égard des animaux des-
   tructeurs?

LE HIBOU

(LE SEIGNEUR DE LA TOURELLE)

—

M. Carron était un homme riche, instruit, intelligent, qui avait fait construire une belle ferme, la plus grande et la plus belle qu'il y eût dans le pays à dix lieues à la ronde. A droite des bâtiments s'étendaient de vertes prairies arrosées par une rivière ; à gauche, des bois de châtaigniers et de hêtres abritaient sous leurs ombrages touffus une maison bourgeoise, que joignaient un verger et un jardin. Puis il y avait des animaux de toute espèce, oiseaux de basse-cour, vaches et moutons, chevaux de selle, de trait et de labour.

Dites-moi, mes chers enfants, n'est-ce pas là tout ce que vous souhaiteriez s'il vous était possible d'aller passer quelques semaines à la campagne ? Aussi jugez si le grand Léon, un collégien turbulent s'il en fut ! et son jeune frère Robert, se trouvèrent heureux d'être invités par M. Carron, leur oncle, à venir y passer leurs vacances, en compagnie de leur cousin Paul et de leur gentille cousine Rose.

La maison de maître, il est vrai, était un peu petite pour tant de monde à la fois, mais dans ce

cas-là on se serre pour faire place aux amis : et plus
on est gêné, plus on est content. D'ailleurs qu'est-ce
qu'une maison à la campagne dans la belle saison ?
un abri pour prendre ses repas, et pour dormir la
nuit. La vraie demeure, ce sont les champs ouverts,
les beaux tapis d'herbe verte dans les prairies, les
fraîches toitures des voûtes de feuillage !

Nos collégiens étaient sans doute de cet avis, car
ils partaient en courant aussitôt après le déjeuner,
s'arrêtaient dans le jardin juste le temps de se demander : « Où allons-nous ? » puis s'élançaient tout
droit devant eux, pour faire un voyage dans l'imprévu, une excursion dirigée par leur seule fantaisie.

Le soir, on rentrait fatigué, affamé, mais le cœur
joyeux ; car c'étaient d'honnêtes enfants, incapables
de rien faire en leur chemin d'injuste ou d'indéli-
cat. Rien ne témoignait mieux la paix de leur conscience que l'appétit qu'ils rapportaient ; appétit féroce, comme en donnent les champs et l'exercice au
grand air !

Un beau jour, après le repas, le cousin Paul pro-
posa à nos braves aventuriers une grande excursion
à travers les cours et bâtiments de la ferme neuve,
où régnait à ce moment de l'année une grande activité. C'était, vous l'ai-je dit ? au temps de la mois-
son. De lourds chariots revenaient, les uns chargés de
gerbes, les autres chargés de fourrage, et les récoltes
de l'année s'entassaient jusqu'aux combles dans les
vastes greniers. Notre petite troupe, sans en excep-
ter la gentille cousine Rose, fit donc sa ronde d'in-

spection dans les celliers remplis de tonneaux, les belles granges toutes neuves qui entouraient la grande cour; on visita les étables spacieuses et aérées, l'écurie, le pressoir; les habitations reluisantes de propreté; les magasins encombrés d'accessoires rustiques, et d'instruments de travail qui dormaient là en attendant la saison où l'on aurait besoin de s'en servir. Puis on grimpa aux échelles, on entra dans les greniers par les *gerbières*[1], on alla partout enfin !....

C'était extrêmement vaste tout cet ensemble de beaux bâtiments neufs, réguliers, commodément distribués. Et pourtant, ce fut bientôt visité d'une extrémité à l'autre. C'était si bien rangé que tout s'apercevait d'un coup d'œil. De sorte que la curiosité se trouvait peu excitée.

— Eh bien, s'écria Paul, allons voir la vieille ferme! c'est laid ; ce sera drôle.

— Allons voir la vieille ferme! s'écrièrent tous les autres. Et les voilà courant à la suite de Paul, vers de vieux bâtiments délabrés et abandonnés, dans lesquels ils entrèrent par une petite porte basse et tremblante, qui grinçait en tournant sur ses gonds disjoints et rouillés.

Cette vieille masure, irrégulièrement construite, et dont une partie s'en allait en ruines, abritait sous ses toits poudreux et percés à jour les instruments aratoires hors d'usage, les pièces de bois qui attendaient un emploi ; enfin, servait de resserre à cette

---

1. Fenêtres disposées pour faire entrer les gerbes.

foule d'objets sans valeur, qui pourtant sont utilisés
à l'occasion.

Dans la partie la mieux conservée, quelques
pièces propres, et grossièrement réparées, ser-
vaient dans les années d'abondance à recueillir pro-
visoirement les récoltes qui ne pouvaient trouver
place ailleurs.

Les découvertes, les surprises naissaient à chaque
pas dans ce labyrinthe de vieilles chambres désertes
et de greniers vides, communiquant entre eux de
mille manières imprévues. Il y avait des recoins
sombres, avec des poutres rompues qui tremblaient
sous les pas. Des échelles à échelons brisés, dont
les montants se dressaient jusqu'aux combles. Et
des escaliers perdus, et des portes tombées, et des
lucarnes défoncées, à travers lesquelles se montrait
de temps en temps l'entassement des jeunes têtes
rieuses, défigurées par la poussière.

A l'angle le plus reculé d'une cour longue et
étroite, où l'herbe croissait entre les pavés, était une
tourelle plus vieille et plus délabrée encore que tout
le reste. Cette tourelle était attenante à un vieux
pan de mur de deux mètres d'épaisseur, et elle avait
d'étroites fenêtres surmontées de petits clochetons,
qui s'inclinaient comme sous le poids des ans. Tout
cela était couvert de lierre, de ronces, qui croissaient
dans les joints de la pierre et obstruaient les fenêtres. Cette ruine, dernier vestige d'un château féodal, communiquait avec les bâtiments de la vieille
ferme par un couloir obscur situé au pied de l'escalier, et fermé au bas par une grosse porte ver-

moulue toute bardée de fer. Les enfants essayè-
rent d'ouvrir cette porte. Ils la secouèrent de toutes
leurs forces réunies ; mais la vieille barrière tenait
dur.

— C'est fermé à clef, dit Léon, il n'y a pas
moyen.

— Ça, répondit Paul, c'est le vieux château... on
n'y va jamais.

— On n'y va jamais? reprit Léon, raison de plus
pour que nous y allions ; qui est-ce qui a la clef?

— Je ne sais pas seulement s'il y a une clef. S'il
y en a une, c'est François qui doit l'avoir.

— Robert, cours chercher François!

Robert partit comme un trait, et revint après
quelques instants, tirant après lui François, jeune
garçon de ferme d'une quinzaine d'années, lequel
portait un trousseau de grosses clefs rongées par la
rouille.

François venait lentement, d'un air grognon, et
visiblement de très mauvaise grâce. Toutes les clefs
furent essayées l'une après l'autre, mais le succès se
faisait attendre.

— N'en v'la une idée! marmottait François entre
ses dents, vouloir aller là-dedans', ous'qui n'y a
que des souris et des rats, et puis encore... autre
chose !...

— Voilà ! voilà ! s'écrièrent les enfants en voyant
une des clefs tourner dans la vieille serrure.

Et la porte à peine ouverte, ils se précipitèrent
dans la tourelle, à travers les trames épaisses d'araignées formidables, et les monceaux de poussière en-

tassés là depuis des années. Puis ils gravirent un escalier étroit et tournant qui les conduisit au premier étage de la vieille tourelle.

— V'là tout ce qu'y a à voir, dit François en leur montrant une espèce de trou noir qui avait été l'intérieur d'une ancienne chambre.

— Dites plutôt : *à ne pas voir*, répliqua Léon ; il fait clair ici comme dans un four.

— Montons plus haut, s'écria Robert en s'élançant dans un deuxième escalier encore plus étroit et plus tournant que le premier.

Mais à peine fut-il parvenu en haut qu'on le vit redescendre avec précipitation. Un effroi visible était peint sur son visage.

— Là, là, c'est bien fait ! dit François en regagnant la porte ; M. Robert l'a vu, il ne dira pas non.

— Qu'est-ce qu'il y a donc, demanda Léon ; qu'as-tu vu là-haut ?

— Mais, dit Robert un peu tremblant, il y a que j'ai vu.....

— Quoi ? Qu'as-tu vu ?

— J'ai vu deux yeux !... qui brillent dans le noir comme deux tisons !

— Tu as vu un chat ! parbleu !... Et tu en as eu peur ? poltron, va !

— Eh bien, vas-y donc, toi, pour voir !

— Oui, oui, murmurait François toujours sur le seuil, qu'y aille aussi, lui et tous les autres ; qu'y aillent, ce sera bien fait ! vouloir venir dans un endroit pareil !

— Certainement j'irai, dit Léon s'élançant vers le petit escalier.

— N'allez pas, monsieur *Lion*, s'écria François. N'y allez pas ! tout de même !

Mais Léon, continuant de monter, était déjà parvenu au haut de l'escalier.

— Il n'y a rien du tout, s'écria-t-il, seulement comme il fait complétement noir, je voudrais trouver une fenêtre à ouvrir. Qui veut venir m'aider ?

— Pas moi, ben sûr ! dit François ; on ne sait pas ce que ça peut vous faire !

Pourtant, quand le garçon de ferme vit tous les enfants, et jusqu'à la petite Rose, monter lestement l'escalier, il se résigna à monter aussi, préférant encore les suivre à rester tout seul.

La fenêtre ébranlée céda tout à coup, et un beau rayon du soleil couchant entra en plein par l'ouverture. Le grenier s'éclaira soudainement, et l'on put distinguer les enchevêtrements bizarres des vieilles charpentes qui soutenaient le toit de la tourelle ; et les forêts de toiles d'araignées qui, se déchirant sous leur propre poids, pendaient çà et là comme des lambeaux de chiffons poudreux. Mais au même instant deux grands oiseaux de couleur sombre se mirent à tournoyer sous les combles en se heurtant aux charpentes, et faisant tomber sur la tête de nos jeunes aventuriers des nuages de poussière.

— La chouette ! la chouette !! s'écria François en courant vers la porte ; vilaine bête ! oiseau de

malheur, va-t'en! *Vade retro, Satanas*[1]*!* ajouta-
t-il en se serrant le pouce gauche dans la main.

Chouette nébuleuse.

— Qu'est-ce qu'il marmotte donc là! se demandèrent les enfants étonnés.

1. *Retire-toi, Satan!* formule que prononcent les gens qui
croient aux sorciers, pour se préserver de leurs prétendus malé-
fices.

—Les vilaines bêtes! répétait François; je vous dis que ça porte malheur. La veille que je suis tombé du haut d'un arbre, que j'en ai été quasiment mort, j'avais vu s'envoler une chouette justement du côté de la vieille tour. Et quand ma pauvre défunte mère est trépassée, les chouettes ont fait leur sabbat toute la nuitée sur notre toit. Tenez, les voyez-vous là? Elles sont perchées sur la poutre toutes les deux! regardez comme elles nous font des yeux..... faut pas les laisser s'échapper!

—Alors il faut fermer la fenêtre, dit Léon.

—Non pas, ne fermez pas, monsieur *Lion*, on verrait leurs yeux : leurs grands vilains yeux tout ronds qui vous regardent!... Je vous dis que ça fait du mal, ces oiseaux de la mort. Si je les tenais donc! Attendez, attendez, j'vas courir dire à Jean qu'il vienne avec son fusil!

Les enfants, d'abord simplement surpris, commençaient à s'effrayer. Léon lui-même les poussa vers l'escalier à la rencontre de Jean.

—On vient, on vient, dirent les enfants en entendant monter l'escalier du premier étage : sans doute c'est Jean avec son fusil.

On montait, en effet, mais ce n'était pas Jean; c'était M. Carron qui avait rencontré François dans la cour, et qui venait réparer ses sottises.

—Où sont-ils? demanda M. Carron en entrant, est-ce que vous auriez chassé les pauvres oiseaux de chez eux?

—Ils sont là, dans leur coin, répondit François qui n'avait pas encore cessé de trembler. Mais ne

leur touchez pas, not'maître, ça vous mordrait. C'est
méchant, allez, ces bêtes-là.

— Sans doute, reprit le père en haussant les
épaules :

> Cet animal est très méchant :
> Quand on l'attaque il se défend.

— Il ne faut donc pas les tuer ? demanda Léon.

— Les tuer ? il faut bien s'en garder au contraire.

— François assure qu'elles portent malheur, dit
Robert.

— François est un ignorant ; si vous l'écoutiez,
il vous en conterait bien d'autres.

Il vous dirait, par exemple, ce que disent et croient
la plupart des paysans, que quand une chouette se
perche sur un toit, c'est signe de mort pour quelqu'un de la maison. Il vous dirait que ces oiseaux
sont des émissaires du diable, et qu'ils vont au sabbat avec les sorcières ; qu'on les entend quelquefois,
la nuit, s'entretenir avec l'esprit malin, et parler
latin autour des cimetières.

— Des oiseaux parler latin ?... dirent les collégiens en éclatant de rire. Font-ils aussi des thèmes
et des versions ?

— Il vous dirait... que sais-je ? toutes les sottises
que la superstition peut inspirer à l'ignorance. Mais
il ne vous dirait pas, à coup sûr, que ces oiseaux
sont pour nous des voisins inoffensifs, discrets, et
extrêmement utiles !

— Utiles? demanda Léon, de quelle manière, mon oncle?

— Les *chouettes*, les *hiboux*, qu'on appelle aussi des *ducs*, des *effraies*, et en général tous les oiseaux de nuit, sont les destructeurs les plus acharnés des rats, des souris, des mulots, qui font tant de ravages dans nos greniers. Ils s'en nourrissent, eux et leurs petits. Une chouette vaut six chats! Donc, plus il y en a, plus ils nous rendent de services.

— Ce sont donc des oiseaux de proie? des *Rapaces*?

— Oui, mes enfants. Seulement, comme ceux-là ne chassent que la nuit, on les appelle des *Rapaces nocturnes*, par opposition aux aigles, aux vautours, aux faucons, qui, vous le savez déjà, sont des *Rapaces diurnes*.

Mais voilà le soleil qui baisse à l'horizon; les chouettes, maintenant réfugiées dans leur trou, vont bientôt vouloir en sortir pour commencer leur chasse, éloignons-nous afin de ne pas les gêner.

— Ah! oui, not' maître, allons-nous-en, dit François; vous avez beau dire, ces bêtes-là ça n'est point gai à voir.

On quitta la tourelle et l'on alla faire un tour dans les champs; mais la curiosité des enfants n'était pas satisfaite, et ils accablèrent le père de questions concernant le hibou.

— Cet oiseau, leur dit-il, destiné à chasser dans les ténèbres, a des organes appropriés à son genre de vie. De même que les chats qui, eux aussi, voient clair la nuit, ils ont les yeux tellement sensibles que la plus faible lueur suffit pour leur permettre de distinguer les objets. De cette sensibilité il résulte naturellement qu'une vive lumière les éblouit, et qu'ils fuient l'éclat du jour. D'ailleurs, il faut bien que tout animal se repose : le hibou, qui cherche sa subsistance pendant la nuit, doit dormir pendant le jour ; il est donc tout simple qu'il se réfugie dans les lieux solitaires où personne ne viendra troubler son repos. Quant à ses yeux qui brillent dans l'obscurité, ce phénomène n'est pas plus étonnant dans le hibou que dans la plupart des animaux nocturnes, tels que les loups, les tigres, les chats. Il y a d'autres animaux, tels que les *vers luisants*, et même des substances inanimées, appelées *phosphorescentes*, comme les allumettes chimiques, qui ont cette même propriété de briller dans les ténèbres.

Dès qu'il commence à faire sombre pour nous, ce qui veut dire que le jour a cessé d'être trop éblouissant pour les yeux des hiboux, l'oiseau de nuit commence sa chasse. Pour mieux surprendre sa proie, il a de grandes ailes garnies de plumes floconneuses qui volent sans bruit. Pour la saisir, il a, comme tous les rapaces, de fortes serres et un gros bec recourbé ; ses jambes sont emplumées juqsu'aux doigts ; ses plumes sont de couleurs ternes, brunes avec de petites taches noires. Autour de chacun de ses yeux, elles sont implantées de manière à former un cercle qu'on appelle son *disque facial*. La nuit, immobiles sur quelque tronc ébranlé, ils guettent patiemment leur proie, en poussant de temps à autre ce soupir plaintif :

hou-hou! qui s'entend au loin dans le silence, et effraye si fort nos paysans.

Hibou grand-duc.

Certaines espèces portent sur le sommet de la tête deux aigrettes qui simulent des oreilles de chat, d'où est venu sans doute le nom de *chat-huant*, que l'on donne fréquemment aux hiboux. Dans tout leur ensemble, ces oiseaux ont une physionomie sévère, triste, presque lugubre.

— Est-il vrai, demanda Léon, que les oiseaux de nuit s'approchent des maisons où il se trouve quelqu'un dangereusement malade?

— Cela peut arriver quelquefois; mais ce n'est pas, comme on le dit, *la mort qui les attire*, c'est la lumière qu'on est obligé d'entretenir la nuit dans la chambre des malades.

— La lumière? mais mon oncle, tu dis que les oiseaux de nuit la fuient?

— Les hiboux fuient la lumière du jour parce qu'elle est trop vive pour leurs yeux, mais ils aiment au contraire la lueur faible et tranquille d'un flambeau. Presque tous les animaux nocturnes sont ainsi : voyez, par exemple, ces petits papillons du soir qui viennent se brûler les ailes à la flamme de nos bougies. Et ces chauves-souris qui viennent tournoyer autour de nous lorsqu'on sort la nuit avec une lanterne, ce qui est un nouveau sujet d'effroi pour les gens superstitieux, dont l'esprit ne sait se rendre compte de rien.

— D'où viennent donc toutes ces croyances ridicules, mon oncle? et pourquoi les gens superstitieux s'en prennent-ils au hibou?

— D'où cela vient, mon enfant?.... Mais toi-même, réponds d'abord à ma question : Est-ce que tu n'aimes pas à entendre raconter des aventures merveilleuses et extraordinaires, des récits fantastiques? Est-ce que tu n'aimais pas, par exemple

quand tu étais petit, les contes de fées et de reve-
nants?

— Sans compter, mon oncle, que je les aime
encore.

— Et moi! et moi donc! s'écrièrent les autres
enfants.

— Eh bien, cela vient de ce qu'il y a dans notre
imagination un attrait naturel pour les choses fantastiques et mystérieuses.

— C'est vrai, dit Léon; mais nous ne croyons pas
un mot de ces contes.

— Toi, c'est possible; mais les petits enfants qui
ne sont pas encore capables de distinguer le vrai du
faux, et les ignorants qui, sous ce rapport, restent
petits enfants toute leur vie, non-seulement y prennent plaisir, mais ils y ajoutent une foi entière.
Moins ils comprennent les faits naturels qui les en-
vironnent, plus ils s'en épouvantent, et en épouvantent les autres.

— Comme ce poltron de François, qui voit des
signes partout.

— Eh! sans doute; à tout ce qui leur paraît sombre ou étrange dans la nature ils attachent leurs
idées superstitieuses. Aux choses de la nuit surtout,
parce que les ténèbres sont le milieu où se plaisent l'ignorance et la superstition. Et quoi de plus
capable d'inspirer des frayeurs aux gens superstitieux que des oiseaux nocturnes fuyant la lumière
que tous les autres recherchent; et ne se laissant
entrevoir, même la nuit, que d'une manière silencieuse, soudaine, qui surprend et cause de l'émo-

tion? Le hibou surtout, cet animal aux grands yeux ronds qui brillent dans l'ombre, au cri lugubre ; le hibou qui choisit pour retraite les lieux les plus déserts, les ruines, les cimetières !...

— « Hou... Hou... » firent les enfants d'un air malin, en se retournant du côté de François, qui suivait par-derrière, et écoutait l'oreille basse.

— Hou... Hou..., reprit le père en souriant ; n'est-ce pas que cela a quelque chose de terrible !

Écoutez le récit d'une aventure qui m'est arrivée à Strasbourg, lorsque j'étais étudiant.

J'habitais, dans cette grande et belle ville, un quartier retiré. J'avais une petite mansarde dont la fenêtre ouvrait sur les toits. Assez ordinairement ma lampe brûlait jusqu'à une heure avancée de la nuit : non que je fusse malade, au contraire, je me portais très bien ! Mais j'étudiais, tantôt seul, tantôt avec deux paisibles camarades qui venaient profiter de ma lumière : car nous n'étions pas riches !

Tous les soirs, nous entendions des *hou-hou* plaintifs qui semblaient venir de notre toit, et souvent aussi nous entrevoyions des ombres qui passaient et repassaient rapides, silencieuses, devant les vitres de notre petite fenêtre.

— Tous les *grands-ducs* du quartier se donnent donc rendez-vous ici ! disaient mes camarades.

— Cela n'aurait rien d'étonnant, répondais-je ; ce sont sans doute les combles de la vieille chapelle que nous voyons ici près, qui sont la demeure de leurs nocturnes Seigneuries.

On n'est pas longtemps voisins sans trouver l'oc-

casion de faire connaissance. Je finis par me douter
que c'était la lueur de ma lampe qui attirait les
oiseaux de nuit. Un soir que j'avais laissé ma
fenêtre ouverte, j'entends un petit frôlement de ce
côté... Je lève la tête de dessus mon livre... que
vois-je? Un énorme hibou, perché et immobile sur
l'appui de la fenêtre, qui me regardait fixement
avec ses gros yeux ronds. Je ne bougeai pas de peur
de l'effrayer, si bien que sa femme vint le rejoindre,
et que leurs visites se renouvelèrent ainsi chaque
soir.

Après quelques mois, mes voisins devinrent très
familiers, au point de me rendre de vrais services en
me délivrant des rats et des souris qui remplissaient
notre vieille maison, et qui avaient l'audace de venir ronger mes livres et mes cahiers jusque sur ma
table.

Tous les soirs, quand le temps était beau, j'ou-
vrais ma fenêtre, les hiboux étaient déjà à attendre
sur la gouttière; et quand je tardais trop, ils frap-
paient aux vitres en sautillant contre la croisée. Une
fois entrés dans ma chambre, ils faisaient leur chasse
dans tous les recoins, sous mon lit, derrière le vieux
paravent; puis ils passaient par une *chattière* et se
rendaient au grenier voisin, où je les entendais faire
en conscience leur métier de *tueurs de rats*. Ils y
trouvaient leur pâture et me débarrassaient, moi,
d'un véritable fléau.

D'autres fois, ils venaient se percher jusque sur
ma table, tout près de moi, et restaient là, immobiles, avec une physionomie si sérieuse, si grave,

qu'ils semblaient plongés dans une méditation profonde!

Ah! me disais-je, il suffit que quelque poëte de l'ancienne Grèce ait vu le hibou dans une semblable attitude, pour avoir eu l'idée de faire de cet oiseau l'emblème du philosophe.

—En effet, dit vivement Léon, les anciens appelaient le hibou l'*oiseau de Minerve*, c'est-à-dire l'oiseau de la *Sagesse*; je m'étais toujours demandé pourquoi.

— Il y a une autre raison, reprit M. Carron, et je crois que cette dernière est la bonne. Si la philosophie comme l'entendaient les anciens, c'est-à-dire la Science et la Sagesse réunies, sont figurées par le hibou, c'est pour signifier que, de même que l'oiseau de nuit voit clair dans les ténèbres, la Sagesse et la Science *voient clair dans les choses inconnues encore !...*

Mais laissez-moi vous achever l'histoire de ma liaison avec les *philosophes emplumés*.

Depuis quelque temps je m'étais aperçu que le mâle venait seul; que ses visites étaient plus courtes, et qu'au lieu de croquer sur place les souris qu'il avait surprises, il les emportait en s'envolant. Je compris que des petits étaient nés; et que pendant que la mère restait au nid, le père pourvoyait à la subsistance de tous. Je n'en pus douter lorsqu'un soir le père et la mère me firent la politesse de m'amener toute leur petite famille pour me la présenter.....
Ils étaient quatre ou cinq petits hiboux, encore mal emplumés, qui clignaient des yeux à ma lumière, et

secouaient leurs ailes en se balançant la tête, ce qui simulait une sorte de danse tout à fait bizarre.

J'étais en contemplation devant ce curieux spectacle, lorsque, par une fâcheuse coïncidence, ma vieille femme de ménage qui ne venait jamais que le matin, entra dans ma petite mansarde. Elle revenait chercher un objet oublié par elle, et ouvrait discrètement la porte pour ne pas me distraire de mon travail.

Tout à coup..... elle aperçoit..... grand Dieu ! les petits hiboux, et leur papa et leur maman qui, sans s'effrayer, se mettent à la regarder avec leurs yeux brillants.....

La pauvre bonne femme, à cette vue, pousse un cri d'effroi, laisse échapper sa chandelle, et se précipite dans l'escalier, au risque de se casser le cou, tandis que les hiboux, non moins effrayés qu'elle, s'enfuient tous d'une volée.

Cette scène avait quelque chose de si amusant, que je donnai carrière à ma gaieté, sans prévoir, hélas ! les conséquences qui s'ensuivirent. D'abord il me fut impossible de décider ma vieille chambrière à remettre le pied dans ma mansarde. Puis bientôt, grâce à ses charitables récits, il fut établi dans tout le quartier que, malgré mes airs tranquilles, j'étais un abominable sorcier, avec lequel les autres sorciers et lutins, mes amis intimes, venaient toutes les nuits, sous la forme de grands hiboux, faire le sabbat et *parler latin*.

Ah ! mes enfants, il y a bien des préjugés par le monde ! quelques-uns sont ridicules seulement, mais il en est d'autres qui nous rendent injustes et cruels. Ainsi, on reproche au hibou d'aimer les ténèbres pour lesquelles son œil est organisé ; et s'il ose se montrer pendant le jour, qui l'éblouit, les hommes le pourchassent, les enfants lui jettent des pierres ; il n'y a pas jusqu'aux petits oiseaux eux-mêmes qui ne s'attroupent contre lui, et ne le poursuivent avec acharnement. J'ai vu de même des hommes accusés d'être farouches, sauvages, méchants, alors que de grands chagrins les avaient seuls rendus tristes, solitaires, et dignes, au contraire, de la plus tendre sympathie.

La nuit était presque venue, les étoiles commençaient à se montrer au ciel. L'air était calme et silencieux, on entendait à peine le bruissement des feuilles sur les arbres, et les frôlements des insectes nocturnes qui cheminaient dans l'herbe. De temps en temps les cris plaintifs des oiseaux de nuit s'élevaient du côté de la tourelle ; et instinctivement tout le monde se taisait comme pour ne pas troubler le repos de la nuit. Quand nos promeneurs, en revenant au logis, passèrent auprès de la ferme abandonnée, et surtout au pied de la vieille tourelle, ils crurent distinguer de grandes ombres silencieuses qui voltigeaient sous les arbres.

— Ah ! s'écria la petite Rose, en dirigeant sa voix du côté où demeuraient les chouettes, vous avez beau dire *hou-hou !* et faire briller vos yeux tout ronds, je n'ai plus peur de vous !

Cette subite exclamation exprimait la pensée de

tous, le *charme* était rompu. François lui-même se
mit à rire, et la gaieté reprit son cours.

— *Duc*, s'écria Robert en élevant son képi vers
la tourelle, nous te faisons maître et seigneur de ce
château, à charge pour toi de défendre nos récoltes
contre leurs ennemis les mulots, les souris, les rats !

— Et, ajouta Léon, nous nous engageons à ne
plus troubler tes méditations profondes, pauvre *philosophe... sous les toits !*

Questionnaire

A quel ordre appartient le hibou ?
Pourquoi est-il rangé parmi les *rapaces ?*
Pourquoi l'appelle-t-on *rapace nocturne ?*
Les oiseaux de nuit ont-ils la faculté de *voir dans l'obscurité ?*
Cela veut-il dire qu'ils verraient dans un lieu absolument privé
    de lumière ?
Comment se fait-il que ces oiseaux voient dans les ténèbres ?
Qu'est-ce que leurs yeux ont encore de remarquable ?
Le hibou a-t-il le bec crochu ?
A-t-il des *serres ?*
Quelle est la couleur de son plumage ?
Ses pattes sont-elles emplumées jusqu'aux doigts ?
Qu'appelle-t-on le *disque facial* du hibou ?
Certains hiboux ont-ils deux aigrettes sur la tête ?
Quel est l'aspect général du hibou ?
Pourquoi cet oiseau fuit-il la lumière du jour ?
Le hibou est-il ennemi d'une lumière supportable pour ses
    yeux ?
Quelle est la retraite ordinaire du hibou ?
Pourquoi cet oiseau recherche-t-il les lieux déserts ?
Le hibou élève-t-il ses petits avec tendresse ?
Combien a-t-il ordinairement de petits ?
Le hibou est-il facile à apprivoiser, malgré son naturel plutôt
    timide que sauvage ?

De quoi ces oiseaux font-ils leur nourriture habituelle?

Les hiboux sont donc des animaux utiles?

C'est donc une ineptie de les pourchasser et de les détruire?

A quel moment commencent-ils leur chasse?

Quelle est la particularité de leur vol?

Quel est le cri du hibou?

Le hibou est-il le seul oiseau de nuit?

Quel nom donne-t-on encore au hibou?

Citez quelques autres oiseaux de nuit.

Ces oiseaux offrent-ils une grande analogie de formes et de mœurs avec le hibou?

N'y a-t-il pas entre cet oiseau et la nuit une sorte de convenance, d'harmonie?

Pourquoi le hibou est-il un objet de craintes?

Que faut-il penser de toutes les croyances superstitieuses?

Pour quelle raison les anciens avaient-ils fait du hibou le symbole de la *sagesse?*

LE PERROQUET

(L'ACCUSATEUR SANS LE SAVOIR)

Ah! mes enfants, comme on s'amusait chez ma grand'tante! Quelle fête c'était pour nous, quand on nous y conduisait le jeudi pour passer la journée!

Vous figurez-vous un grand jardin et une maison immense, une de ces maisons d'autrefois, où il y a tant de coins et de recoins, des corridors, des escaliers sans nombre, des chambres à n'en plus finir!... Et dire que nous avions la permission d'aller partout! de faire à peu près tout ce que bon nous semblait! Nous étions là une demi-douzaine d'écoliers; jugez du vacarme!

« Excepté l'appartement de ma tante, tout est à nous! » criions-nous à tue-tête; et cela ne voulait pas dire, comme pour les avares et les égoïstes : « Cela nous appartient, personne n'y touchera. » Dans notre langage, au contraire, cela voulait dire : De l'espace, de l'air, de la liberté pour tous! le droit d'entrer partout, de rire, de sauter, et cela sans gêner personne!...

Nous avions tant de fois fouillé curieusement la

vieille maison de la cave au grenier, qu'il n'y avait pas un petit recoin qui ne nous fût familier. En avons-nous remué là de vieilles choses poudreuses, d'objets dont la forme et l'usage nous étaient inconnus ! Nous allions *fureter* dans les immenses greniers, au fond des vieux meubles entassés là depuis des années. On se cachait dans les vastes armoires ; on parcourait les chambres désertes pour examiner les vieux portraits frisés et souriants accrochés aux lambris ; les grandes glaces aux cadres autrefois *dorés* : tout un chaos de choses où nous faisions les plus intéressantes découvertes.

Tantôt c'étaient de vieux habits à la mode du temps passé, que nous dénichions dans le tiroir d'une commode à grosses poignées de cuivre, et qui nous fournissaient des déguisements impossibles. Une autre fois, c'étaient de longues épées toutes rouillées, qui, au dire de mon grand tapageur de frère, sortaient du fourreau pour la première fois depuis saint Louis !

Suzon, la vieille servante, grondait bien un peu du désordre que nous mettions partout : pourtant, comme nous n'étions ni méchants ni impolis, mais seulement gais, elle nous adorait, et nous pardonnait d'ordinaire ; mais quand le tapage allait jusqu'à sortir des bornes, Suzon perdait la tête et allait se plaindre à ma tante.

— Hélas ! madame, je ne puis les tenir ; je ne suis occupée qu'à remettre en place ce qu'ils ont dérangé.

— Remettez en place, ma pauvre Suzon, remettez en place, disait ma tante sans s'émouvoir.

— Mais ce sont de *vraies tempêtes!*

— Que voulez-vous, Suzon? Est-ce que nous n'avons pas eu notre temps?

Puis elle ajoutait : — Tâchez pourtant de les faire tenir aussi tranquilles que vous pourrez.

Elle était si bonne ma grand'tante, si indulgente! Elle habitait avec sa servante et son jardinier l'immense maison qui l'avait vue naître. Quand je dis qu'elle habitait la *maison,* je veux dire seulement trois ou quatre pièces au rez-de-chaussée.

Toute la matinée, ma tante restait enfermée dans sa chambre; jamais on ne la voyait avant le déjeuner. L'après-midi elle venait au salon, grande pièce dont les murs étaient décorés de tapisseries à personnages, représentant des bergers et des bergères qui faisaient notre admiration, quoique les couleurs en fussent bien effacées. Dans ce salon dormaient l'un près de l'autre, depuis des années, un vieux clavecin soigneusement épousseté chaque jour par Suzon, et un métier à tapisserie.

' Quand le temps était beau, Suzon ouvrait à deux battants la porte qui donnait sur le jardin, et ma bonne tante venait s'y installer dans son fauteuil, environnée, comme toujours, de je ne sais combien de corbeilles à ouvrage. De là elle nous regardait jouer et courir dans les allées, et souriait à nos jeux. Parfois même elle descendait les deux marches de pierre, « pour être avec nous », comme elle disait. Elle était un peu sourde, et je crois que c'était une des raisons pour lesquelles notre tapage ne l'importunait pas.

En vous disant que ma tante, son jardinier et Suzon composaient tout le personnel de la demeure, je n'ai voulu parler que des gens raisonnables, autrement j'aurais dû compter parmi les habitants un individu qui nous intéressait très fort. Cet hôte, — un bavard s'il en fut ! — avait pour séjour habituel le petit salon jaune qui servait l'hiver de salle à manger. Souvent, quand on passait près de la porte, on l'entendait à l'intérieur parlant tout seul, tant il aimait à parler ! et riant aux éclats sans le moindre motif.

C'était une étrange habitude, j'en conviens ; mais qu'eût-il fait la plus grande partie du jour, seul sur son perchoir ?... Car c'était un *Perroquet* ; j'oubliais de vous le dire. Comme tous les perroquets du monde, il s'appelait *Jaco*.

Lorsque nous étions las de courses folles et des voyages de découvertes à travers corridors et greniers, nous allions au salon jaune faire la conversation avec Jaco.

C'était vraiment un perroquet de mérite ; et il avait dû recevoir jadis une brillante éducation... *de perroquet*. Quand il se voyait écouté, quand surtout il avait bu quelques gouttes de vin blanc, son babil était intarissable. Nous l'entourions, nous le pressions de questions, nous le bourrions de sucre, et nous riions aux éclats quand ses réponses tombaient à propos; peut-être riions-nous plus encore quand elles arrivaient tout de travers.

— Comment vous portez-vous, Jaco? demandions-nous?

— Pas mal, et vous? répondait-il d'ordinaire Mais aussi d'autres fois il nous répondait: « Portez... arme!... »

Alors nous lui donnions la première chose venue, une noix par exemple; et il était enchanté.

L'ingrat ne faisait plus attention à nous. Perché en équilibre sur une patte, il tenait adroitement la noix de l'autre patte qui lui servait de main, tandis qu'avec son grand bec noir, épais et crochu, il brisait la coquille et mangeait l'amande en faisant une foule de démonstrations joyeuses. Il penchait la tête à droite, à gauche, faisait claquer sa langue, et prenait son temps.

Quand il était trop lent au gré de nos désirs, nous nous mettions à le taquiner. Alors Jaco, lâchant la noix, et oubliant le langage civilisé pour reprendre son langage naturel, poussait des cris stridents; mais sa colère ne durait pas.

D'autres fois, Jaco chantait. Oui vraiment, il chantait d'une voix nasillarde et chevrotante des refrains du vieux temps:

> « Un jeune troubadour
> » Qui chante et fait la guerre... »

Ou bien:

> « Charmante Gabrielle,
> » Percé de mille traits... »

Et il se balançait d'un pied sur l'autre, et accompagnait son chant de toutes sortes de minauderies comiques, embrouillant parfois un refrain avec un autre, et ne pouvant jamais arriver au troisième vers.

Alors nous éclations de rire, et lui, sans façon ni susceptibilité, interrompait sa romance et se mettait à rire avec nous à gorge déployée.

Il imitait la voix de ma tante à s'y méprendre, et s'écriait parfois d'un ton important :

« Suzon ! »

Puis il se répondait à lui-même, sur un autre ton :
« Plaît-il, madame ? »

Suzon y était prise quelquefois ; elle accourait...

« Fâché de votre peine ! » lui disait Jaco, ou quelque autre à-propos du même genre.

C'était la comédie de l'imprévu.

A ce talent de parole, fruit de l'éducation donnée, l'oiseau joignait d'autres talents *d'agrément*, acquis par sa seule observation. Ainsi, il imitait, à s'y tromper, le grincement de la scie sur le bois ; il aboyait comme le petit chien de ma tante ; il sifflait avec les merles du jardin ; il toussait en duo avec le vieux jardinier. Puis tout-à-coup il prenait un air recueilli, se posait sur un pied, fermait les yeux... et jouait de la flûte ! C'étaient de petits sons doux, filés, délicats, comme ceux d'une flûte entendue dans le lointain.

Nous demeurions tout surpris, ne pouvant comprendre que des sons si fins pussent sortir de ce même gros bec qui tout à l'heure nous étourdissait par ses cris discordants.

Quand notre héros était en humeur de gymnastique, toutes les agaceries ne pouvaient réussir à le faire parler. Son exercice favori consistait à grimper de barreau en barreau jusqu'au haut de son perchoir. Il saisissait les barreaux entre ses doigts, qui étaient disposés tout exprès pour grimper : deux

Patte de perroquet.

en avant, deux en arrière ; et s'accrochait avec son bec recourbé, comme le font ses semblables dans les branches d'arbre de leurs forêts. Puis, arrivé au haut du perchoir, il redescendait de la même manière, mais la *tête en bas*, ce qui nous étonnait fort, car nous ne pouvions imaginer qu'une position qui nous eût été si pénible, pût être parfaitement indifférente à un perroquet.

Un autre exercice moins innocent de Jaco consistait à ronger les barreaux de son perchoir. Il semblait satisfaire par là au besoin de *grignoter*, qui est dans la nature d'un animal destiné à vivre de graines et d'amandes. Par endroits, le perchoir était si profondément entamé, qu'il semblait prêt à se rompre

Nous savions tous fort bien que Jaco n'était qu'un être sans raison ; pourtant, certains à-propos, certains gestes qui semblaient faits avec intention, nous étonnaient tellement, que nous nous surprenions à ne plus savoir qu'en penser. Il nous semblait y avoir dans cet animal quelque chose d'extraordinaire. Mon frère Louis surtout, le plus jeune de nous tous, qui ne venait que rarement chez ma tante, en était tout perplexe.

Un jour, le pauvre enfant fut mystifié par Jaco de la façon la plus singulière. Il l'avait bien mérité, il faut en convenir. Imaginez-vous qu'il avait eu la malheureuse inspiration de dérober dans l'office un pot de confitures ! C'était mal, cela. Bien que Louis n'eût encore que sept ans, il sentait fort bien qu'il commettait une faute ; et quand notre conscience est troublée, il suffit de la moindre chose pour nous faire perdre la tête.

Louis ayant donc fait sa mauvaise action, sortit en hâte de l'office, et alla se cacher loin de tous les yeux, dans le salon jaune, pour avaler ses confitures.

Mais le perroquet était là, attentif et muet sur son perchoir... Louis aurait mieux aimé qu'il n'y fût pas. Les coupables ont peur de tout, même d'un oiseau. A peine l'innocente bête eut-elle aperçu le petit gourmand, qu'elle le salua de cette apostrophe ironique :

« Bon appétit, signor ! »

Puis Jaco partit de ce rire interminable que l'on apprend aux perroquets. Louis demeura comme

pétrifié; il lui sembla.que son crime était découvert,
qu'il était un enfant perdu, et que le perroquet
n'était ni plus ni moins que le diable en personne.
Pourtant Jaco n'avait rien dit d'extraordinaire; il
avait proféré une sorte de salutation qu'on lui avait
apprise, et qu'il répétait habituellement lorsqu'il
voyait sa maîtresse se mettre à table. L'à-propos,
dans de semblables cas, est une simple coïncidence,
et ne peut faire illusion qu'aux auditeurs dont l'esprit est peu judicieux, ou la conscience peu tranquille...

Louis se remit néanmoins peu à peu; il acheva
ses confitures, cacha le pot sous un meuble, et vint
nous rejoindre au jardin. Ma tante était avec nous,
et bientôt elle envoya Suzon chercher le perroquet
pour nous divertir. L'oiseau était en belle humeur;
il jasait, jasait avec une verve vraiment étourdis-
sante. Louis s'approcha aussi, et soit qu'il commen-
çât à oublier son aventure, soit qu'il voulût se
donner du courage, il eut la malheureuse idée d'a-
dresser au perroquet la question ordinaire: « As-tu
déjeuné, Jaco? »

— Pas mal.... *et vous?* riposta l'oiseau en faisant
suivre sa réponse d'un éclat de rire.

Le malheureux enfant rougit, et devint si tremblant que ma tante en fit la remarque.

— Qu'est-ce qu'il a donc ce petit, demanda-t-elle;
est-il malade?

— Mais non..., il n'est pas malade. Qu'as-tu,
Louis? dîmes-nous en écartant ses mains dont il se
uvrait le visage.

Louis heureusement n'était pas endurci dans le mal : il se mit à fondre en larmes.

— J'ai... j'ai..., dit l'enfant en sanglotant.

— Eh bien, quoi ? qu'as-tu ?

— J'ai... Ah ! vous le savez bien. Il vous l'a dit ! ajouta-t-il en montrant le perroquet. J'ai pris... des... des... des confitures !...

Ma tante savait être sérieuse à l'occasion ; pourtant elle faillit éclater de rire lorsqu'elle comprit que Louis était persuadé qu'il avait été trahi par le perroquet.

— Ce n'est pas Jaco qui vous a trahi, mon neveu, dit-elle un peu sévèrement, c'est votre *conscience*. Le perroquet, comme tous les autres animaux, n'a point de jugement pour apprécier nos actes, et ne peut en rendre compte par la parole. Vous ne vous imagineriez pas de semblables choses si votre raison, à vous, n'était troublée par le sentiment de la faute que vous avez commise.

Puis, voyant les pleurs du coupable, elle ajouta plus doucement :

— Je te pardonne, mon pauvre petit, puisque tu as tant de regret ; mais n'oublie jamais que le témoin et l'accusateur auquel nous ne pouvons échapper, c'est notre conscience.

Louis s'en alla ; et au lieu de jouer, il continua à pleurer dans un coin.

Cette petite scène nous avait d'abord égayés ; mais le chagrin de notre camarade finit par nous attrister. Ma tante reprit la conversation pour ramener la gaieté et l'entrain.

— Comme il parle bien, n'est-ce pas, ce bavard de Jaco?

— Mais comment donc peut-il faire pour parler, puisque les animaux ne pensent pas?

— Ma chère petite, les perroquets apprennent à répéter d'une manière machinale les mots qu'on leur enseigne, parce qu'ils ont les organes de la voix disposés de manière à imiter presque tous les bruits qu'ils entendent. Cela tient principalement à la forme de leur langue. Tenez, dit-elle en présentant une noix à Jaco, regardez quand il va ouvrir le bec... Voyez-vous sa langue noire, épaisse et flexible? Eh bien, c'est un instrument fort délicat, et très propre à articuler des sons; vous savez comme il s'en tire, maître Jaco! Puis il trouve à les répéter une sorte de distraction à l'ennui qu'il éprouve au haut de son perchoir, où il se trouve seul de son espèce, et exilé de son pays natal. Il met à cette répétition tant d'attention et de persévérance, qu'il y réussit parfois d'une façon vraiment remarquable.

Il y a, dans notre pays, plusieurs autres espèces d'oiseaux qui peuvent imiter la voix humaine : les sansonnets, les geais, les pies, les corbeaux; mais les perroquets parlent infiniment mieux qu'eux tous.

C'est qu'aussi *Jaco* est un perroquet gris cendré à queue rouge, c'est-à-dire de l'espèce qui parle le mieux; car toutes les espèces de perroquets ne parlent pas également bien.

— De quel pays viennent les perroquets, ma tante?

Perroquets Jacos on gris-cendré

— Il y en a dans tous les pays qui avoisinent l'équateur, et qui sont les contrées les plus chaudes de la terre. *Jaco* vient de l'Afrique. On me l'a apporté quand j'étais encore jeune...

—Il y a donc bien longtemps que vous l'avez, ma tante? demandai-je avec plus de sincérité que de politesse.

—Oui, aussi est-il vieux mon Jaco ; et pourtant il pourrait bien vivre après moi. Les perroquets vivent jusqu'à cinquante ans et plus !

— Et pourquoi n'en a-t-on pas en nombre, comme des moineaux, au lieu de les laisser s'ennuyer ainsi seuls toute leur vie au haut d'un bâton?

— Ah! pourquoi? Parce que ces pauvres exilés ne peuvent s'acclimater chez nous. Il n'y fait pas assez chaud pour y élever leurs enfants, et quand on n'a point d'enfants, on est condamné à vivre et mourir solitaire !...

Et notre pauvre tante, qui était restée demoiselle toute sa vie, étouffa un soupir en disant cela...

— Autrefois, reprit-elle, j'avais une belle volière ; j'aimais les oiseaux, et j'en possédais de toutes sortes et de tous pays. J'avais entre autres des *aras* rouges, bleus, jaunes. Les aras sont une grande espèce de perroquets, originaires d'Amérique ; mais ceux-là ne parlent pas et ne savent que pousser des cris aigus. J'avais aussi deux jolies petites perruches vertes, des brésiliennes ; elles sifflaient comme des merles. Tous ces oiseaux étaient apprivoisés et me témoignaient une grande amitié, en même temps qu'ils montraient beaucoup de jalousie réciproquement. J'avais surtout une petite perruche à collier rose, qui se laissa mourir de chagrin pendant une absence de quinze jours que je fus obligée de faire. Peu d'êtres sont capables d'aimer à un tel degré.

Dans l'état sauvage, les perroquets vivent par
troupes dans les forêts, où ils grimpent de branche

Ara bleu.

en branche sans presque jamais descendre à terre.
C'est pourquoi les perroquets sont rangés par les

naturalistes dans l'ordre des oiseaux *grimpeurs.* Si vous avez observé Jaco montant à son perchoir, vous savez comment il s'y prend, et vous n'avez pas besoin qu'on vous explique ce nom.

Les perroquets en liberté se nourrissent de toutes sortes de graines et de fruits ; aussi sont-ils parfois de grands dégâts dans les plantations : ils sont surtout friands de graines de café. Ceux qui sont apprivoisés mangent à peu près tout ce qu'on leur donne ; ils préfèrent pourtant le chènevis, le maïs et les noyaux de fruits ; seulement il faut tenir hors de leur portée le persil et les amandes amères, qui sont pour eux des poisons mortels.

Maintenant, ajouta ma grand'tante, il est temps que je rentre. Allez consoler votre petit compagnon, et ne lui reprochez pas sa faute, ce ne serait pas charitable ; d'ailleurs il l'a expiée. Soyez certains, mes enfants, que si les perroquets, et même parfois des hommes, parlent sans réflexion, sans jugement, sans raison, à tort et à travers, il y a aussi des juges d'autant plus clairvoyants qu'ils sont plus silencieux... Ces juges sont, après Dieu, notre conscience et celle des autres.

Les perroquets parlent beaucoup sans penser ; mais heureux l'enfant et l'homme qui parlent peu, et pensent beaucoup !

Questionnaire

A quel ordre d'oiseaux appartient le perroquet ?
Quelle est la forme générale du perroquet ?
Y a-t-il plusieurs espèces de perroquets ?
De quel pays les aras sont-ils originaires ?
Et les petites perruches vertes ?
Quels perroquets appelle-t-on plus communément des *jacos* ?
Quelle est la couleur des jacos ?
Dans quel pays se trouvent-ils ?
De quoi se nourrissent les perroquets à l'état sauvage ?
De quoi nourrit-on les perroquets apprivoisés ?
Parmi les substances qui servent à notre usage, lesquelles sont
 mortelles pour le perroquet ?
A quelle particularité doivent-ils leur nom de *grimpeurs* ?
Quelle est la forme de leurs pieds ?
Comment sont disposés leurs doigts ?
Quelle est la forme de leur bec ?
Quelle est la raison de cette forme ?
Vivent-ils solitaires ou par troupes ?
Leur cri naturel est-il agréable ?
Quelle est l'aptitude particulière de ces oiseaux ?
Toutes les espèces de perroquets sont-elles également capables
 d'imiter les sons, surtout ceux de la voix humaine ?
Quels sont les perroquets qui parlent le mieux ?
Les aras parlent-ils ?
Quelle est la forme de la langue des perroquets ?
Cette forme est-elle pour quelque chose dans la facilité qu'ils
 ont de produire les sons ?
- Y a-t-il d'autres oiseaux qui jouissent aussi de cette faculté
 d'imiter la voix humaine ?
Chez ces animaux, la parole est-elle le signe d'une pensée ré-
 fléchie ?

L'HIRONDELLE

(LE PAYS NATAL)

—

Hier, le temps était sombre, la pluie tombait par ondées. Le vent humide et froid faisait frissonner les feuilles des arbres : on eût dit que c'était encore l'hiver, et pourtant les lilas sont déjà fleuris.

Mais ce matin le jour s'est levé radieux ; le ciel est tout bleu. Où sont allés les nuages ? L'air est tiède. Le beau soleil réjouit les fleurs dans le jardin, et les oiseaux dans les branches, et jusque dans son lit le pauvre enfant, — l'enfant malade.

— Mère, il fait beau, dit cet enfant d'une voix languissante, je suis mieux aujourd'hui : lève-moi pour que je voie les lilas et les chèvrefeuilles.

On mit deux chaises devant la fenêtre, on disposa des coussins ; puis la mère prit l'enfant dans ses bras, il était si léger ! Elle le posa sur les coussins, et là, à demi-couché, le coude appuyé sur la fenêtre, il regardait au travers des carreaux.

— Oh ! comme c'est beau le ciel bleu, disait-il, et les arbres qui ont des feuilles ! Il y avait si longtemps que je n'avais vu le ciel et les arbres !

Et il appuyait son front sur la vitre.

— Mère, ouvre-moi la fenêtre, veux-tu? Que j'entende chanter les petits oiseaux. Il faut l'ouvrir toute grande pour faire entrer le beau soleil!

L'air était si doux, il n'y avait rien à craindre!

— Je le veux bien, cher enfant, répondit la mère. Marie, ferme la porte, puis viens t'asseoir auprès de ton frère. Vas-tu être heureux, mon pauvre petit!

— Oh! oui, je suis heureux comme cela, et je veux t'embrasser, ma mère.

La mère s'inclina sur le petit malade, et le serra tendrement contre son cœur. Puis elle lui jeta un grand châle sur les épaules; et un côté de la croisée étant ouvert, l'air pur et tiède, tout imprégné de l'odeur des lilas et des giroflées, entra dans la chambre, avec le rayon de soleil, devenu beaucoup plus vif et plus joyeux que lorsqu'il avait à traverser les carreaux.

Raymond, l'enfant malade, battit des mains.

Mais l'autre côté de la croisée ne pouvait s'ouvrir. Est-ce le bois qui s'est gonflé à l'humidité? Ou bien est-ce la vigne qui le retient?

— Regarde, Marie, ce qui empêche le second côté de la croisée de s'ouvrir.

La fillette pose la main sur l'appui de la croisée, et se penchant un peu au dehors, elle regarde en haut.

— Ah! mère, je vois ce qu'il y a... c'est dans le coin, sous la vigne et le chèvrefeuille... Il y a de la terre collée près du joint; on dirait que c'est une maçonnerie faite exprès.

La mère se pencha à son tour, et Raymond lui-même allongea la tête.

A ce moment, deux oiseaux, volant à tire-d'aile, se dirigeaient vers la fenêtre. Ils rompirent leur vol et tournoyèrent un instant, comme étonnés et inquiets de ces têtes qui apparaissaient au dehors.

Ces oiseaux étaient noirs, avec le corsage blanc. Ils avaient de longues ailes, une longue queue à deux pointes, une tête fine avec deux yeux brillants; et ils faisaient entendre de petits cris doux et entrecoupés. Indécis, mais ne paraissant pas vouloir s'éloigner, ils se posèrent sur un arbre voisin, et semblèrent se consulter l'un l'autre.

— Ah! je comprends, dit la mère, retirez-vous un peu, chers enfants. Ces jolis oiseaux sont des *hirondelles;* elles viennent faire leur nid dans l'angle de notre fenêtre, et leur travail est déjà commencé. Ne les effrayons pas.

— Mais alors, dit Marie, ce côté de la croisée... on ne pourra plus l'ouvrir?

— Sans doute, ma fille, on détruirait tout l'ouvrage que ces gentils oiseaux construisent avec tant de soin, et on les ferait fuir pour toujours. Il faut accepter cette gêne si vous voulez avoir là, tout près de vous, un nid d'hirondelles, et plus tard les voir nourrir et élever leur petite famille.

— Oh! ce sera charmant! s'écrièrent à la fois Raymond et Marie.

— Est-ce qu'il ne faudra plus venir nous asseoir près de la fenêtre? demanda le petit malade.

— Il ne sera pas nécessaire de nous imposer une

Hirondelles de fenêtre.

telle privation, cher enfant. Ces gracieuses petites créatures ne sont pas si sauvages. On en a même vu faire quelquefois leur nid dans des ateliers ouverts, où travaillaient des ouvriers qui leur laissaient toute liberté. Évitons seulement de faire trop de bruit, de nous montrer trop curieux, et bientôt les hirondelles seront si familières avec nous qu'elles viendront se poser jusque sur la croisée, et nous gazouiller leur petite chanson.

— Nous leur donnerons du pain et des graines, dis, ma mère?

— Les hirondelles n'en mangent pas, mon ami. Elles se nourrissent de mouches, d'insectes, de petites bêtes qu'elles saisissent au vol ; c'est pourquoi il est difficile de les élever à la brochette, comme on élève les moineaux.

Les enfants restèrent longtemps immobiles et silencieux, suivant du regard les hirondelles qui voltigeaient autour de leur nid commencé. Enfin les deux oiseaux se rapprochèrent l'un de l'autre, et semblèrent prendre une décision ; on entendait le frôlement de leurs ailes dans le feuillage. Tout à coup ils s'envolèrent, et disparurent derrière les grands arbres.

— Ah ! dit Raymond, elles sont parties ! Si elles allaient ne plus revenir ?

— Elles reviendront, mon chéri, prends patience.

Après quelques instants, les hirondelles revinrent en effet.

— Les voilà ! s'écrièrent les enfants.

Le pauvre petit malade était dans le ravissement.

—J'ai aujourd'hui tous les bonheurs à la fois, disait-il avec extase. Le soleil, la verdure, les fleurs, les chants d'oiseaux, et un nid d'hirondelles à notre fenêtre !

Ses traits pâles s'animaient, et dans ses grands yeux une flamme semblait se rallumer.

— Que font-elles donc ainsi? demanda Raymond, en voyant les continuelles allées et venues des hirondelles.

— Elles voyagent, répondit Marie avec aplomb; n'as-tu pas entendu dire que les hirondelles sont des oiseaux voyageurs?

Cette naïve explication fit sourire la mère.

—Mes chers enfants, dit-elle, c'est pour bâtir leur demeure que les hirondelles font tous ces tours et retours. Chaque fois qu'elles reviennent, elles apportent dans leur bec un peu de terre imbibée de leur salive, une salive particulière qui se produit dans leur bec à l'époque où elles font leur nid, et qui transforme la terre en un mortier très solide. C'est, vous le voyez, bien peu de chose qu'elles ajoutent chaque fois à la construction totale de l'édifice. Il faudra, pour l'achever, qu'elles fassent bien des voyages, qu'elles passent bien des heures et bien des jours au travail... Mais elles en viendront à bout. Rien ne résiste aux efforts non-seulement du courage, mais de la persévérance. Ces fidèles travailleuses ont l'un et l'autre. Voyez quelle ardeur, quelle activité elles mettent à construire leur petite maison suspendue! Et lorsqu'elle sera construite, tout ne sera pas fini encore : il faudra la meubler.

Il faudra la garnir du lit moelleux où les petits devront éclore.

Alors le père et la mère iront chercher des brins de mousse et de paille fins et légers. Ils iront prendre aux peupliers et aux chardons les houppes cotonneuses de leurs graines. Ils enlèveront aux haies les petits flocons de laine que les brebis y laissent en passant, et iront prendre dans les basses-cours le duvet tombé des ailes des oiseaux. Il leur faudra peut-être aller chercher tout cela bien loin : n'importe, elles iront ! Le nid sera mollement rembourré, les matières les moins souples seront placées en dessous, et par-dessus seront le duvet et la laine. Puis sur cette couche moelleuse, la mère déposera quatre ou cinq petits œufs, d'abord de couleur chair marqués de taches brunes, puis de plus en plus blancs et mats, sur lesquels elle se tiendra couchée pendant douze jours et douze nuits, pour les échauffer doucement afin qu'ils éclosent.

Et pendant ce temps, qui la nourrira, cette pauvre mère? Vous verrez alors, mes enfants, vous verrez le père voltiger sans cesse aux environs du nid, pour saisir au vol les insectes qui sont la nourriture des hirondelles. Puis il viendra les apporter à sa compagne, que ses devoirs de mère retiennent au logis! N'est-ce pas un petit ménage charmant..? Pauvre petite mère, que deviendrait-elle si elle était toute seule pour cette rude tâche de la maternité? s'il n'y avait pas un autre être chargé de prendre soin d'elle, tandis qu'elle s'oublie pour ses enfants? Mais Dieu lui a donné un compagnon pour l'aider

dans ses besoins et dans son dévouement ; pour lui
rendre la vie plus facile, plus douce, plus heureuse ;
et le docile oiseau a bien garde de désobéir à la loi
de Dieu !

Bientôt les petits vont éclore... Alors commence-
ront de nouveaux soins, de nouveaux soucis !

Enfin ils ont brisé la coquille ! les voilà, faibles,
sans plumes, frileux. Ils se pressent sous l'aile de
leur mère comme les petits poussins sous l'aile de la
poule. Il ne faut pas qu'ils aient froid, ni qu'ils souf-
frent de la faim. Et cela fait quatre, cinq, quelquefois six petits becs toujours ouverts, toujours
affamés.

La mère va maintenant avec le père leur chercher la nourriture. Ce n'est pas trop de tous les deux
pour faire les provisions nécessaires. L'un voltige
seulement aux alentours du nid ; l'autre vole plus
loin. C'est la préoccupation et la tâche de tout le jour
de réchauffer et de nourrir ces frêles créatures. Le
soir après le coucher du soleil, père et mère rentrent
au nid, et toute la famille se blottit dans les plumes afin de s'abriter contre la fraîcheur de la nuit.
Mais dès l'aube suivante recommencent, en s'accrois-
sant, le même travail et les mêmes soins.

Et ne croyez pas, mes chers enfants, que cette
tâche qui emploie toutes leurs forces, soit une
charge pénible pour ces vaillantes petites créatures :
tout cela, pour elles, c'est la vie. Et comme elles se
dévouent par attrait et non par contrainte, par
amour et non par force, leur dévouement est pour
elles une joie et un bonheur.

Avec des soins et du temps les petits grandissent : un léger duvet couvre leur corps ; des plumes poussent à leurs ailes, bientôt ils vont essayer de s'en servir. Le père et la mère se posent sur une branche ou sur le toit voisin, et de là ils appellent leurs petits. Puis ils se mettent à voltiger autour du nid, et les appellent encore par de petits cris et des mouvements pleins de sollicitude. On voit qu'ils les encouragent à voler, et leur font néanmoins toutes sortes de recommandations. « Prenez bien garde, semblent-ils leur dire, n'allez pas tomber sur la terre. Là, mille dangers vous menacent ! ..

Pauvres petits, ils sont si timides, si maladroits encore ! Ils ont peur de se confier à leurs ailes : il faut pourtant bien apprendre à voler, puisqu'on est oiseau ! Mais cette fois, du nid à la première branche c'est assez pour vous, pauvres petits.

Maintenant le premier pas est fait, demain vous viendrez jusqu'à l'autre branche, après-demain jusqu'au tilleul... et dans quelques semaines on sera de grands oiseaux volant, planant dans l'espace, rasant la surface des eaux, chassant et gagnant sa vie comme père et mère !

A ce moment, mes chers amis, les jeunes hirondelles peuvent à la rigueur se passer des soins de leurs parents : elles savent pourvoir par elles-mêmes à leurs besoins, et se suffire. Elles pourraient s'éloigner du nid, et s'en aller vivre ailleurs, ainsi que le font la plupart des autres oiseaux, ainsi que le veulent même, dans certaines espèces, les parents qui chassent leurs enfants du nid à coups de bec. Mais nos petites amies les hirondelles ne sont pas comme ces oiseaux-là. Elles ont les instincts trop sociables, trop tendres pour se conduire ainsi. Les enfants demeurent toute la saison dans la compagnie de leur père et de leur mère ; on les trouve presque toujours ensemble, et c'est seulement quand ils sont tous réunis qu'on les entend gazouiller joyeusement, comme s'ils avaient une foule de choses à se raconter.

Si, pendant que toute la famille joue et vole sous le ciel bleu, quelque oiseau de proie vient à paraître, le père et la mère, toujours vigilants, l'aperçoivent aussitôt ; et tandis que les petites hirondelles, sans défiance comme de jeunes enfants, continuent de s'ébattre, n'apercevant pas l'oiseau de proie ou le prenant peut-être pour un ami ! le père et la mère ont reconnu le danger... Peut-être eux-mêmes ont-ils échappé jadis à la serre du milan ou de l'épervier !... Ils poussent un cri de détresse ! On les voit tournoyer aussitôt autour des jeunes innocentes, s'efforçant de les faire rentrer au nid. Et si l'épervier audacieux les poursuit jusque dans leur asile, cinq ou six petits becs acérés sont là, menaçant ses yeux s'il ose approcher sa tête de l'étroite ouverture.

Oh ! dites, mes chers enfants, n'est-ce pas qu'elles font bien de ne pas s'éloigner de leurs parents, les petites hirondelles ! N'est-ce pas qu'elles sont mieux conseillées par leur instinct, que ces petits ingrats qui, sous prétexte qu'*il faut voler de ses propres ailes*, attendent avec impatience le moment de se soustraire à la protection de leurs bons et tendres parents?

Les deux enfants avaient rapproché leurs petites têtes blondes sur le sein de leur mère, et pour toute réponse lui demandaient un baiser.

— Maintenant, mes chéris, reprit la mère, puisque l'histoire de l'hirondelle vous fait tant de plaisir...

— Dis, mère, dis encore.

— Je vais vous raconter les hauts faits de nos voyageuses.

Figurez-vous que nous voici à l'automne. Le temps devient sombre, la pluie tombe souvent, les soirées sont tristes, les nuits sont froides. Les feuilles jaunissent et tombent des arbres. Plus d'insectes dans l'air, plus de graines aux champs, les *senelles* [1] elles-mêmes tombent des buissons. Que vont devenir les petits oiseaux? Qui les abritera du froid et de la pluie? Quand la gelée durcira la terre, ils auront bien faim. Les moineaux si gais, si espiègles; les rouges-gorges si jolis et si frêles, comme ils auront à souffrir! Quand le vent souffle et gémit aux portes, quand la neige tourbillonne sous le ciel gris, on les voit se glisser par quelques fissures dans nos greniers, ou bien ils viennent frapper aux vitres comme pour demander un abri.

Les hirondelles, douées d'un instinct merveilleux, pressentent l'hiver, et elles ne l'attendent pas.

1. Petit fruit rouge de l'aubépine.

Plus frileuses, plus délicates encore que les oiseaux de nos contrées, il leur faut constamment les chaleurs du printemps et de l'été, et quand l'été finit, que l'hiver commence, elles s'en vont au loin, bien loin, dans des pays dont le climat reste plus doux.

Vers le mois d'octobre, on les voit voltiger dans l'air et sur les toits avec une agitation extraordinaire. Elles vont, reviennent, semblent discourir, se raconter l'une à l'autre cette grande nouvelle : « L'hiver vient, il faut partir ! »

— Comment peuvent-elles se dire cela ? demanda Raymond.

— Mon cher enfant, les animaux ont leur langage comme nous avons le nôtre. Sans doute il n'est pas très compliqué : leurs besoins sont si simples ! Tenez, voyez nos deux voisines emplumées : elles sont là, accroupies sur la crête du mur. Elles se regardent en faisant de petits mouvements, et gazouillent un ramage qu'elles comprennent sans aucun doute. Que se disent-elles ? Elles se demandent peut-être de quel côté il vaut le mieux diriger leur vol !... Et, regardez ! elles partent à tire-d'ailes, toutes deux ensemble, et sans la moindre hésitation !

Donc les oiseaux s'entendent ; et je reviens à mon histoire.

Les hirondelles se communiquent activement la nouvelle du départ. Un matin, toutes celles des environs se réunissent au même lieu, soit sur le toit d'une église ou d'un édifice élevé, soit sur les cimes de quelques grands arbres. Le rendez-vous a été donné, et personne n'y manque ! Elles sont là au nombre de plusieurs centaines, attendant...

— Qu'attendent-elles ainsi ?...

— Ah voilà ! Tout au loin, dans la brume bleuâtre des matinées d'automne, une nuée d'oiseaux apparaît. Ce sont les sœurs hirondelles qui viennent du Nord et vont au Midi : vite, il faut les rejoindre, et nos voyageuses prennent leur vol d'un même élan, se mettent à la suite des émigrantes, et *emboîtent* le vol. Un instant l'œil peut encore les suivre se dirigeant vers le Sud, puis elles disparaissent dans les brouillards lointains.

— Où vont-elles, mère ?

— On l'a longtemps ignoré, et contesté. Il y avait des savants qui croyaient qu'elles s'enfouissaient dans la vase des fleuves, et y passaient l'hiver à moitié asphyxiées, c'est-à-dire à moitié mortes. On peut être très savant, et pourtant ne pas tout savoir. Mais voici ce qui a dissipé les doutes :

Il y avait dans une vieille ville allemande nommée Worms, une jeune fille qu'on appelait Léna (c'est-à-dire Madeleine). Cette jeune fille demeurait avec son père, maître sonneur de la cathédrale, dans un petit logement ménagé sous les combles de l'édifice sacré. — Vous avez vu des églises gothiques, mes chers enfants, vous savez comme elles sont belles, avec leurs légères colonnettes, leurs petits clochetons, leurs balustrades sculptées à jour : on dirait de la dentelle de pierre !

La bonne Léna travaillait pendant toute la journée à sa petite fenêtre toute découpée de fines sculp-

Léna à sa fenêtre.

tures : son horizon c'était le jardin du prieuré, les toits pittoresques de la ville, et les clochetons de la cathédrale ; son jardin c'était un brin de giroflée qui croissait entre les pierres disjointes d'une vieille gouttière ; ses amis et ses compagnons, c'étaient les petits oiseaux. Elle avait des *amis* de toutes sortes : des moineaux qui logeaient dans les fentes des murs, des rouges-gorges qui faisaient leurs nids dans les arbres du jardin, et montaient jusqu'à elle pour becqueter les miettes qu'elle leur distribuait chaque jour. Dès qu'elle ouvrait sa fenêtre, ces charmantes petites créatures accouraient de toutes parts avec des gazouillements joyeux ; ils venaient se poser jusque sur ses épaules, prenaient les miettes de pain dans sa main et jusque sur ses lèvres. Cela vous paraît bien extraordinaire, n'est-ce pas ? Tout le monde aussi s'en étonnait ; on disait qu'elle *charmait* les oiseaux, et ses compagnes en étaient jalouses, comme si elles n'eussent pas dû savoir qu'il n'y a pas d'autre secret pour se faire aimer, que d'aimer les autres ; ni d'autre *charme* pour attirer, que la bonté et la grâce.

La douce Léna aimait tous ses oiseaux, mais elle avait une préférence pour les hirondelles qui nichaient sous la grande corniche de pierre, tout près de sa fenêtre. Celles-là étaient si familières qu'elles venaient dans la chambre de la jeune fille, et dérobaient autour d'elle, jusque dans sa boîte à ouvrage, de petits bouts de fil et de laine pour faire leurs nids.

Mais à l'automne, hélas ! ses hirondelles préférées

se réunissaient à leurs compagnes sur le toit de la vieille cathédrale, puis, elles aussi, s'en allaient au loin.....

Léna était toute triste alors, et elle disait comme vous, mes enfants : « Où donc vont-elles ? »

Elle savait que les hirondelles reparaîtraient l'année suivante, car l'équinoxe de printemps n'était jamais revenu sans lui ramener ses hôtes chéris.

Pourtant Léna avait un doute qui la préoccupait et l'attristait...

Sont-ce bien les mêmes hirondelles qui reviennent ? disait-elle. « Est-ce bien vous, mes chères
» mignonnes, qui, l'an passé, nichiez à ma fenêtre?
» Vous que j'aimais et que j'ai baisées tant de fois?
» Vous qui m'avez quittée, et qui êtes allées si loin
» que je me demande comment vous avez pu trouver
» votre chemin pour revenir? Sera-ce vous encore
» qui reviendrez l'an prochain ? Que faire pour le
» savoir? car vous êtes toutes pareilles !... »

L'équinoxe d'automne approchait à son tour, et Léna songeait avec tristesse qu'elle ne reverrait peut-être plus jamais ses oiseaux favoris. Alors elle imagina une épreuve ingénieuse : elle s'empara de l'une des hirondelles les plus familières, et lui attacha à la patte, non pas près des doigts, de crainte de gêner ses mouvements, mais au-dessus du genou, une légère faveur bleue, solidement nouée, dont elle laissa dépasser les bouts de 2 centimètres environ.

« Adieu, petite mignonne, dit-elle en rendant la
» liberté à l'hirondelle. Allez où la chaleur vous ap-

» pelle..... nous saurons si votre petit cœur nous
» oublie là-bas, ou si vous êtes fidèle à vos sou-
» venirs. »

Et quelques jours après les voyageuses partaient,
celle-là avec les autres, et Léna se disait encore :
« Où s'en vont-elles ? »

Le printemps revint. Dieu sait avec quelle préoccupation Léna épiait le retour des hirondelles.

Enfin un jour elle vit deux de ses chers oiseaux
voltiger autour de sa fenêtre. Puis l'escadron tout
entier arriva, et chaque hirondelle reprit son instal-
lation de l'année précédente.

Léna les examinait avec attention l'une après
l'autre. Après s'être pour ainsi dire établies et em-
ménagées par couples, les hirondelles revinrent vers
la corniche où la jeune fille avait coutume de leur
semer les miettes de son repas. Mais Léna ne put
reconnaître celle qu'elle avait marquée ; seulement
elle s'aperçut que l'un des nids restait inoccupé.

Et elle en avait le cœur tout gros.

Cependant, vers le soir, voilà qu'un autre couple
d'hirondelles s'abat sur la gouttière ; celles-là semblaient exténuées de fatigue.

« Pauvres petites, dit la jeune fille, pourquoi ar-
» rivent-elles si tard ? et qu'ont-elles fait pour être
» plus lasses que les autres ? »

Mais voilà que ces deux oiseaux semblent la reconnaître... Ils oublient leur fatigue, et volent autour d'elle en lui gazouillant mille choses...

« Si c'était elle !... pensait Léna !... et étendant
la main d'un mouvement rapide, elle s'empare de

l'un des deux oiseaux, l'examine..... Oh ! bonheur !
voilà... oui, voilà bien le petit ruban ! terni, froissé,
mais parfaitement reconnaissable. A l'autre patte se
trouve un autre ruban plus long et d'une couleur
plus fraîche.....

La jeune fille regardait, surprise.

« Qui a attaché celui-là, se demandait-elle ? Ne
» serait-ce pas ce double fardeau qui te gênait et
» retardait ton vol, pauvre chérie ? Vite, ôtons-lui
» ces entraves.

» Mais qu'est-ce donc?... quels sont ces signes
» tracés ? Je n'y comprends rien : ce sont des carac-
» tères inconnus... »

La jeune fille détacha d'un coup de ciseaux ces
rubans désormais inutiles, puis elle tourna et retour-
na en tous sens les caractères mystérieux, comme
si elle eût espéré deviner le sens qui y était attaché.
Mais impossible. Elle en parla à son père ; hélas ! le
pauvre sonneur de cloches était aussi ignorant qu'elle.
Ce mystère les préoccupa toute la soirée ; et la nuit
suivante Léna rêva les choses les plus étranges. Le
lendemain, n'y pouvant plus tenir, elle pria son père
de la conduire chez un vieux savant de leur connaissance, et ils lui montrèrent le bout de ruban où
étaient brodés les caractères que voici :

$$A \; \Theta \; H$$

C'était du grec, et le reste du mot manquait, mais
le savant n'hésita pas à reconnaître dans ces signes

qui lui étaient familiers, les premières lettres du mot *Athènes*. Donc l'hirondelle était allée passer l'hiver non dans les limons impurs comme une larve informe, mais en Grèce, dans le pays de la poésie et du soleil.

C'est ainsi que l'ingénieuse tendresse d'une jeune fille fournit à la science une certitude que les savants avaient cherchée en vain : la preuve directe de l'émigration des hirondelles, et de leur fidélité au nid qui les a vues naître.

Ces frêles oiseaux s'en vont donc très loin : les unes en Grèce, où elles se posent sur les belles colonnes de marbre des temples en ruines ; les autres au delà des mers, en Asie et en Afrique, où elles s'abritent sous les palmiers : mais ce n'est pas là leur patrie ; elles n'y sont qu'en passant, et n'y bâtissent pas de demeures. Dès que, grâce au retour du printemps, notre pays redevient habitable pour elles, elles se hâtent de revenir vers nous. Pour les hirondelles, comme pour les hommes, la *patrie* n'est pas, selon quelques-uns, *le pays où l'on se trouve bien ;* c'est le pays où l'on a eu son nid, embelli par les caresses maternelles, où l'on a aimé ; où le ciel, les arbres, et les pierres mêmes, vous conservent le souvenir des *choses d'autrefois*.

Tel fut le récit de la mère.

— Mais les autres oiseaux, demanda Marie, font-ils aussi des voyages ?

— Il y a de nombreuses espèces qui émigrent chaque année, on les appelle *oiseaux de passage.*

Une autre fois, je vous raconterai les longs voyages des cygnes, des cigognes, des grues, des canards sauvages. Mais ces grands oiseaux ne sont pas du même *ordre* que les hirondelles, ils n'ont ni la même forme ni la même manière de vivre.

Rossignol.

— A quel ordre appartiennent donc les hirondelles? demanda Raymond.

— Les hirondelles sont un des genres nombreux de l'ordre des *Passereaux*

Les passereaux sont les plus petits, mais les plus jolis, les plus aimables, les plus vifs et les plus intelligents des oiseaux. Tous nos oiseaux chanteurs : les *rossignols*, les *merles*, les *fauvettes*, les *alouettes*, sont des passereaux, ainsi que les *moineaux*, les *chardonnerets*, les *rouges-gorges*, les *mésanges*.

Chardonnerets.

Les charmants petits *serins*, les *oiseaux-mouches* qui brillent comme le rubis, sont également des passereaux ; mais ceux-là ont pour patrie des climats plus chauds que le nôtre. Parmi tous les oiseaux, ce

Mésanges et leur nid.

sont les passereaux qui savent le mieux construire leurs nids. La plus grande partie d'entre eux font aussi des *migrations*, c'est-à-dire des voyages, mais ce sont les hirondelles qui émigrent le plus loin.

Il y en a de plusieurs espèces. Les hirondelles de fenêtres, de cheminées, de rivages, de rochers. Il y en a en Chine qui construisent leurs nids avec une sorte de *fucus* dont les Chinois sont si friands, qu'ils chassent les pauvres hirondelles de leurs petites demeures pour manger ces nids, à je ne sais quelle sauce... chinoise !

Eh bien, mes chers enfants, croiriez-vous que tous ces innocents passereaux, y compris les hirondelles, sont en butte au désœuvrement malfaisant des hommes ! Il y a des gens assez cruels pour les tuer à coups de fusil, uniquement par passe-temps et pour montrer leur adresse ! Il y a de petits enfants, il y en a beaucoup, hélas ! qui vont dans les champs, le long des buissons, qui grimpent aux fenêtres et dans les arbres, pour *dénicher* les petits oiseaux, pour enlever et détruire leur nid, charmant chef-d'œuvre de l'instinct et du sentiment ! briser ces jolis œufs, objet de tant de sollicitude ! Et cela pour l'abominable plaisir de tuer, de mettre le désordre et la douleur là où Dieu lui-même avait mis la paix et la joie.

Ah ! s'ils savaient, ces cruels enfants, quel chagrin ils causent à ces pauvres mères emplumées, non, j'en suis bien sûre, ils n'auraient pas le cœur assez barbare pour dénicher les petits oiseaux !

Un nid arraché ?... mais c'est une maison dévastée ! Des œufs brisés ?... mais ce sont des enfants tués

sous les yeux de leur mère ! Ils sont si malheureux,
si désespérés ces pauvres oiseaux ! Ils volent autour
des débris de leur asile en poussant des cris si plaintifs! Ils se perchent sur la branche et se regardent
tristement ; c'est déchirant de les voir, et j'aurais
bien mauvaise opinion de celui qui ne serait pas ému
de leur affliction.

Linottes.

Si la saison n'est pas trop avancée, les pauvres
oiseaux s'en vont loin des méchants qui ont causé
leur peine, et construisent à la hâte un autre nid ;
mais celui-ci, bâti dans la tristesse, sans gazouillements, sans joie, sera bien moins joli que le premier.
Si au contraire la saison est trop avancée pour re-

faire un nid, le malheur est irréparable! Ils ne bâtissent plus, ne chantent plus pendant le reste de l'été. On
les voit l'un près de l'autre, voltiger d'arbre en arbre
parmi les autres oiseaux qui ont, eux, un nid et des
enfants! Et ils restent privés pendant toute cette
année du bonheur que Dieu leur avait destiné.

Je ne vous parlerai pas de ces enfants, plus cruels
encore, qui enlèvent à leur mère les petits à peine
éclos, et qui, sous prétexte de les élever en cage, les
font périr de misère. Tout cela est trop affreux!

Mais il est un préjugé répandu parmi les ignorants,
qui coûte chaque année la vie à des milliers d'innocentes créatures: c'est de croire que les oiseaux font
tort aux récoltes. Sans doute les petits êtres ailés
dérobent quelques grains, et surtout piquent les
fruits; mais si vous saviez combien le dommage qu'ils
causent est insignifiant *en comparaison des services
qu'ils rendent!*

Les oiseaux mangent beaucoup moins de graines
que d'insectes, de chenilles, de vers, de hannetons,
de tous ces animaux qui sont les véritables destructeurs des récoltes, et contre lesquels l'homme lui-
même ne peut presque rien, parce qu'ils lui échap-
pent par leur nombre et leur petitesse. Sans le secours
des oiseaux, de ces infatigables chasseurs d'insectes,
nos champs seraient au pillage. En détruisant, pour
s'en nourrir, toutes ces espèces nuisibles, les passereaux sont donc les gardiens vigilants de nos récoltes, et il est bien juste qu'on leur accorde à l'automne quelques-uns des fruits qu'ils ont protégés
au printemps.

Une seule hirondelle détruit *plus de trois cents insectes par jour*, ce qui fait plus de soixante mille dans chaque saison.

Écoutez une histoire qui prouve éloquemment combien la destruction des oiseaux est funeste aux biens de la terre :

Il y avait autrefois en Prusse un roi nommé Frédéric, qui en sa qualité de Prussien se connaissait plus en guerre qu'en agriculture. C'est de lui qu'il est question dans cette jolie pièce de vers que vous savez : *le Meunier Sans-Souci*.

— Ah oui, dit Marie en riant ; et qui se termine ainsi :

« On respecte un moulin, on vole une province. »

— Précisément. Ce roi Frédéric aimait passionnément les cerises, et comme les moineaux aiment aussi les cerises, ils en mangeaient, et mécontentaient le roi, qui sans doute avait peur d'en manquer.

Un jour, il entra dans une belle colère contre les moineaux, et ordonna qu'ils fussent tous exterminés, promettant des récompenses à ceux qui détruiraient oiseaux et nids en plus grand nombre.

Aussitôt commença un vrai *massacre des innocents*. Les moineaux furent exterminés ; il n'en resta pas un vivant dans le royaume.

Mais dès l'année suivante, et surtout la seconde année, les insectes nuisibles se multiplièrent à ce point qu'il fut impossible de soustraire les fruits à leurs ravages. Tout y passa, et Frédéric, tout roi qu'il était, n'eut pas même une cerise à son dessert.

Ce que voyant, le roi se repentit d'avoir fait tuer les moineaux, et comme il aimait toujours les cerises, il envoya des gens chercher à l'étranger ces petits chasseurs d'insectes, pour les réinstaller dans son royaume. Il dépensa pour les faire revenir plus d'argent encore qu'il n'en avait dépensé pour les faire détruire. Il eût pu, n'est-ce pas, employer beaucoup mieux les ressources de la nation ?

Et voilà, mes chers enfants, ce qui arrivera toujours à ceux qui, par ignorance ou par égoïsme, voudront substituer leurs idées ou leurs caprices aux lois naturelles que la Sagesse divine a établies dans la nature.

Raymond avait écouté le récit de sa mère avec un intérêt de bon augure. Chaque jour il vint s'asseoir près de la fenêtre, puis enfin il put descendre au jardin. Avec les hirondelles étaient revenus les beaux jours, et les tièdes zéphirs, et les saines odeurs des plantes, et tout ce bien-être de la nature ranimée, qui se communique à l'homme et rend des forces aux convalescents.

Les œufs des hirondelles étaient éclos, et le jour où les petits sortirent pour la première fois du nid suspendu à la fenêtre, qu'ils se confièrent pour la première fois à leurs ailes timides, ce jour-là même, le cher enfant, se promenant sous une allée de platanes appuyé au bras de sa mère, lui disait :

— Ma mère, je veux des passereaux. J'en veux de toutes les espèces, et beaucoup, beaucoup !

Je leur donnerai des graines, du biscuit, du pain.
Mais ne fais plus émonder nos platanes, afin qu'ils
aient où faire leurs nids, car je ne veux leur donner
d'autre volière que ce jardin, et ces grands arbres
sous le ciel bleu !

Questionnaire

A quel ordre d'oiseaux appartient l'hirondelle?

Y a-t-il un grand nombre d'espèces appartenant à cet ordre?

Citez d'autres passereaux.

De quelle nourriture vivent les passereaux?

Sont-ils plus gracieux, et généralement plus petits que les autres
oiseaux?

A quel ordre appartiennent la plupart des oiseaux chanteurs?

Quels sont les oiseaux qui font les plus jolis nids?

Les passereaux sont-ils légers et rapides au vol?

En quoi les hirondelles sont-elles remarquables parmi les passereaux?

De quoi vivent les hirondelles?

Où font-elles le plus volontiers leurs nids?

Quels matériaux emploie l'hirondelle?

Comment s'y prend-elle?

Comment garnit-elle son nid à l'intérieur?

Qui nourrit la mère lorsqu'elle reste à couver ses œufs?

Quel soin le père et la mère prennent-ils de leurs petits quand
ils sont éclos?

Combien y a-t-il ordinairement de petits dans le nid de l'hirondelle?

Comment le père et la mère apprennent-ils à voler à leurs petits?

A la fin de la saison, les jeunes hirondelles sont-elles en état de
voler assez rapidement pour suivre leurs père et mère dans
leurs voyages?

Les petits restent-ils encore avec leurs parents même après
qu'ils savent voler?

Comment les parents veillent-ils encore sur les jeunes hirondelles?

Comment les hirondelles se dérobent-elles aux serres de l'épervier?

Qu'appelle-t-on oiseaux de passage?

Tous les passereaux font-ils des voyages ?

Les hirondelles sont-elles des oiseaux de passage ?

Pourquoi quittent-elles leur patrie ?

Qu'est-ce que la *patrie* pour les hirondelles ?

Elles ne font donc pas de nids dans les pays où elles
l'hiver ?

Vers quelle époque partent les hirondelles ?

Comment et où se réunissent-elles ?

Où vont-elles ?

Quand reviennent-elles ?

Savent-elles retrouver le chemin de leur patrie ?

Reviennent-elles aux mêmes lieux ?

Et d'ordinaire au même nid ?

Les animaux ont donc l'instinct de la patrie ?

Racontez sommairement comment on a eu la preuve du retour
des hirondelles au même lieu.

Les hirondelles sont-elles faciles à apprivoiser ?

Aiment-elles le voisinage des hommes ?

Quelles précautions sont nécessaires pour les observer sans les
effaroucher ?

Quelle est l'utilité des hirondelles et en général des passereaux ?

Quels services rendent-ils à l'agriculture ?

Le peu de grain qu'ils consomment est-il à prendre en considé-
ration eu égard aux services qu'ils rendent ?

Racontez sommairement l'histoire du roi de Prusse et des passereaux.

Quelle opinion faut-il avoir des enfants qui s'amusent à dénicher
les oiseaux ?

Qu'arrive-t-il quand on enlève leurs œufs ?

N'est-il pas plus cruel encore d'enlever les petits ?

Quelle est la douleur des oiseaux dont on a détruit la couvée ?

Construisent-ils un nouveau nid ?

L'entreprennent-ils quand l'été est trop avancé pour que les
petits aient le temps d'éclore ?

Détruire les nids des oiseaux, n'est-ce pas causer un véritable
dommage à l'agriculture en même temps que commettre une
cruauté ?

Avons-nous le droit de tuer les animaux par pure fantaisie ?

Ceux qui agissent ainsi ne sont-ils pas punis par la désapproba-
tion des gens sensés, et par les conséquences mêmes de leur
faute ?

LE COQ ET LA POULE

(LES PETITS BATAILLEURS)

— Non! s'écriaient une douzaine d'enfants en sortant de l'école, et se rassemblant sur la grande place; non, cela ne sera pas!

— Ça ne peut pas durer!

— Nous n'en voulons plus!

— Non, non, c'est fini!

— Nous verrons bien s'ils seront nos maîtres!

— Pour commencer, je viens d'en mettre un à la raison, dit Pierre, qui semblait le plus belliqueux de la troupe. Si vous étiez tous comme moi, ils verraient bientôt! Mais non, vous n'êtes pas braves tous tant que vous êtes, vous êtes bons à parler, voilà tout!

— Non, non! — Si! si! Nous sommes braves, et nous le ferons voir!

— Oui, oui!

— Nous les battrons!

— Il n'y a pas besoin de les battre, dit timidement le petit Ernest, il faut seulement ne plus jamais aller avec eux!

— Ah! tu recules, toi! tu es un lâche!

— Hors d'ici le poltron !

— Va avec eux, si ça te plaît !

— Nous ne voulons plus de toi, entends-tu?

. . . .

Les spectateurs qui s'étaient amassés autour de la troupe furibonde ne comprenaient pas grand'-chose à l'affaire, ni vous non plus, n'est-ce pas, mes petits lecteurs?

Voilà bien des mots échangés, des menaces proférées, et nous ne savons pas encore de quoi il est question. Cela n'a rien d'étonnant; il est même probable que parmi ces enfants furieux il s'en trouvait plusieurs qui n'étaient guère plus avancés que vous. Petits ou grands, quand on se laisse aller à la colère on s'échauffe, on parle à tort et à travers, et bientôt on ne sait plus du tout ce qu'on dit. Comment, dans ce cas, se faire comprendre des autres?

Si alors une personne sage, paisible, sensée, parvenait à calmer les tapageurs et à leur faire voir clair dans le tumulte de leur propre pensée, ils seraient sans doute bien étonnés et bien humiliés, car ce qu'ils apercevraient au fond de leurs âmes troublées par la passion, n'est, je vous assure, pas beau du tout!...

Ah! si vous les aviez vus ces enfants, avec leurs figures toutes rouges de colère, leurs cheveux en désordre, ils vous eussent fait horreur et pitié.

Ils étaient donc bien méchants? allez-vous me demander.

Non, ils n'étaient pas très méchants; mais quelques-uns d'entre eux s'étaient laissés aller à je ne sais quel vilain sentiment d'envie contre plusieurs de leurs condisciples, et ils avaient *monté* les autres. Et les autres s'étaient fait un point d'honneur d'embrasser leur parti de peur d'être pris pour des lâches, sans réfléchir que la grande *lâcheté* c'est de ne pas savoir résister à de mauvais conseils.

Bientôt les petits écoliers se séparèrent en se promettant de tomber sur l'ennemi à la première occasion; et trois de ces enfants, trois frères, entrèrent ensemble dans une jolie maison, fermée par une claire-voie peinte en vert, qui donnait sur le chemin. Justement, leur mère attirée par le bruit venait au-devant d'eux.

— Qu'est-ce donc que tout ce tapage, demandat-elle, et de quoi s'agit-il? Je viens d'apercevoir de ma fenêtre des gestes furieux, des poings fermés, des airs batailleurs!...

L'ardeur de nos petits héros était déjà à moitié calmée, d'autant plus que les *meneurs* n'étaient plus là.

Les trois frères furent assez embarrassés pour répondre à leur mère. Ils s'entre-regardèrent en silence, et, pour la première fois depuis le commencement de la querelle, ils se demandèrent à eux-mêmes de quoi il s'agissait. Enfin le plus jeune essaya l'explication :

— C'est que, mère, à l'école il y a des *Nouveaux.*

— Eh bien ?

— Ils sont cinq!

— Et puis?

— Et puis... on les a mis dans la petite classe ; et voilà que le maître veut déjà les faire passer dans la grande.

— S'ils en sont capables ?

— Mais... ils ne viennent à l'école que depuis un mois ; ce n'est pas juste cela, les autres restent plus longtemps dans la petite classe.

— Si ceux-là ont travaillé mieux que les autres, et ont fait plus de progrès, je ne vois rien d'injuste à les faire monter ; c'est le maître qui est juge et non les écoliers.

— Ils ne sont seulement pas Français, dit l'aîné ; ce sont des...? des... Canadiens!!!

— Et que résulte-t-il de cette différence ?

— Il en résulte... dame!... tu comprends... dit l'enfant embarrassé.

Puis, s'en prenant à ses frères, il ajouta :

— Répondez donc aussi à maman, vous autres?

— Oui, dit la mère, répondez-moi, et prouvez-moi, si vous le pouvez, que parce que ces enfants sont étrangers et travaillent mieux que vous, ils ne doivent pas passer dans la grande classe.

Les aînés se trouvèrent, comme le plus jeune, à court de bonnes raisons, et ce qu'ils ne dirent pas, c'est moi, mes amis, qui vais vous le dire :

C'est qu'il y a malheureusement, dans les écoles grandes et petites, beaucoup d'enfants qui trouvent tout naturel d'accabler les *Nouveaux* de toutes sortes de vexations, d'injustices, et même de mauvais traitements.

Ces pauvres Nouveaux, qui sont ordinairement

plus faibles parce qu'ils sont plus petits, et plus timides parce qu'ils n'ont pas encore d'amis, on s'amuse à les faire souffrir, à les persécuter lâchement... fi ! c'est odieux !

Mais cette fois les Nouveaux n'avaient pas voulu se laisser accabler ; ils étaient cinq, avaient le sentiment de leur droit, et se défendaient. Nos petits tyrans trouvaient cela d'autant plus mal que ces Nouveaux travaillaient à merveille. De là, une guerre sourde, jalouse, puis déclarée ; et enfin le grand complot que nous savons.

— Voyons, répéta la mère, que leur reprochez-vous à ces enfants ? Ont-ils commencé la lutte, ou bien est-ce vous ?

— Voilà, mère, dit l'aîné : au commencement nous n'avons pas voulu aller avec eux ; alors ils se sont fâchés et ils ont fait les fiers ?

— Ils avaient bien raison, ce me semble ? Et pourquoi les écartiez-vous de votre société ? Sont-ils méchants ?

— Non... mais...

— Mais quoi ?

— C'est que... ils parlent entre eux une autre langue que la nôtre.

— A la bonne heure, reprit la mère, voilà une belle raison pour les accabler, et les forcer à quitter l'école, où ils vont justement pour apprendre le français ! Vous leur donnez une jolie hospitalité, et ces enfants-là sont bien coupables de se défendre.

— Oh ! dit le troisième frère, c'est très amusant

de se battre ; on donne de bons coups, et puis on
tâche de remporter la victoire !

— Pauvres petits, répondit la mère avec tristesse,
si jeunes, et déjà atteints par la contagion de la
vanité ! Venez, mes enfants, venez avec moi, j'ai
quelque chose à vous faire voir.

Et la mère se dirigea vers la basse-cour, qui était
située derrière la maison. Les trois enfants la suivi-
rent en silence, étonnés et quelque peu inquiets.

— Regardez ceci, leur dit-elle en leur montrant
le sol couvert de plumes et taché de sang. Voilà un
champ de bataille !

Et voici les combattants ! ajouta-t-elle en ouvrant
une *mue*[1].

Là, dans un des compartiments de la cage, un
coq noir, plumé par endroits, la crête partagée d'un
coup de bec, gisait sur le flanc : c'était le vaincu.
Dans l'autre compartiment était un grand coq rouge,
étendu de même, les ailes pendantes, la tête allon-
gée sur la paille, les yeux à demi fermés... c'était
le vainqueur.

Vraiment il n'y avait pas entre eux une grande
différence.

— Ah !... s'écrièrent les enfants, stupéfaits à l'aspect de leurs coqs ainsi mutilés. Que leur est-il
donc arrivé, mère ?

— Une chose que vous allez sans doute trouver
bien belle : ils se sont battus !

____

1. Sorte de cage où l'on met à part les volailles faibles ou
malades.

Les coqs sont batailleurs par nature : il n'y a qu'à mettre deux coqs en présence, et les voilà qui se dressent l'un contre l'autre, qui s'élancent, se plument, se déchirent !... Demandez-en la raison ? il n'y a pas besoin de raisons. On se rencontre, on se défie, on se précipite... et vous voyez ce qu'il en résulte, ce que chacun y gagne !

Vous souvenez-vous, il y a un an, lorsqu'ils étaient encore de petits poulets, ils se querellaient déjà et s'arrachaient les plumes, si bien qu'on fut obligé de les enfermer séparément.

La perte de leur liberté, voilà ce qu'ils y gagnèrent tout d'abord. Eh bien, savez-vous ce qu'ils faisaient du fond de leur prison ? ils passaient leurs jours à s'envoyer des défis d'un bout à l'autre de la cour. Ils n'avaient pas encore la force de dire « *Kocorico!* » qu'ils s'épuisaient à lancer de petits « *Kirrikiki!* » menaçants, comme s'ils eussent voulu se dire : « Viens donc ici que je te plume ! » Et ils secouaient leurs crêtes naissantes, ils hérissaient les plumes de leur cou, et prenaient, tout petits, des airs fanfarons et rageurs parfaitement ridicules !

Plus ils grandissaient, plus ils devenaient acharnés. Ce soir, en leur portant à manger, la bonne a oublié de fermer la porte... ils se sont précipités l'un sur l'autre, sans même prendre le temps de souper. Le plus pressé pour eux c'était de se battre. Et les voilà ! quel bel avantage ils ont retiré de leur passion belliqueuse ! Lequel des deux a eu raison, s'il vous plaît ?

Ah ! si vous leur demandiez pourquoi ils se haïs-

sent quoique frères, et pourquoi ils se sont déchirés
l'un l'autre à coups de becs et d'éperons, et que la
parole leur fût donnée pour vous répondre, ils ne
manqueraient sans doute pas de vous fournir d'ex-
cellents motifs, comme par exemple que l'un a des
plumes noires, tandis que l'autre a des plumes
rouges... Y eut-il jamais, pour s'entre-tuer, une
raison plus décisive?

— Mais pas du tout, répliqua le second des trois
fils, c'est au contraire une raison très mauvaise.

— Au moins, reprit l'aîné, on peut dire qu'ils
sont braves, les coqs !

— Ah! de grâce, dit la mère, ne confondons pas
l'esprit querelleur avec la vraie bravoure. Quand
les coqs se servent *pour se défendre* des armes que
la nature leur a données dans ce but; quand, à
l'aide de leur bec et de leurs *ergots*, ils luttent
contre les animaux carnassiers, tels que les blai-
reaux, les martres, les belettes, etc., ils font acte de
courage. Mais quand ils se déchirent entre eux
sans nécessité, cela n'est plus que de la haine et
de la jalousie. Qu'en pensez-vous?

Les enfants ne répondirent pas.

— Mes chers enfants, ajouta la mère, les coqs de
nos basses-cours, bien protégés par des clôtures,
n'ont pas ordinairement à se défendre contre les animaux carnassiers, parce que nous prenons soin de
les mettre à l'abri du danger. C'est peut-être pour
cela qu'ils tournent contre leurs semblables leurs
instincts batailleurs. En tout cas, si nous n'avons
pas le droit de leur reprocher ce qui tient à leur

manque de raison ou à leur état de domesticité, au moins ne devons-nous pas les prendre pour exemples.

J'ai vu parfois des hommes, abêtis par l'oisiveté, s'amuser à faire battre des coqs. Ces hommes-là ne sont pas exigeants en fait de plaisirs, car il suffit de mettre les coqs l'un devant l'autre pour qu'ils s'entre-tuent, sans comprendre qu'ils sont les victimes d'un amusement de barbares. Et si un de ces animaux, pour un motif quelconque, refuse de se battre, les hommes qui les excitent disent qu'il est lâche, qu'il est poltron.

— Il fait *poule*, dit Henri.

— C'est cela : on dit qu'*il fait poule*. Eh bien, vous allez voir jusqu'à quel point on se trompe, et comme ce mot est un éloge au lieu d'être une injure.

Tu sais, Henri, où nous avons établi la poule noire et ses petits poussins?

— Oui, mère.

— Va, je te prie, me chercher un des poussins, un seul, n'importe lequel.

— Mais, chère maman, la poule va me sauter aux yeux.

— Non pas, elle va s'enfuir au contraire... elle est lâche, puisqu'elle est *poule*.

— L'autre jour, elle a sauté au visage de François parce qu'il s'approchait de ses petits.

— Eh bien, mes chers enfants, que pensez-vous de cette action? Attaquer hardiment un homme, un être cent fois plus fort qu'elle, est-ce de la lâcheté cela?

Les enfants réfléchissaient en silence.

Non, continua la mère, la poule n'est pas lâche, mais elle est *pacifique*, c'est-à-dire qu'elle aime la paix et non la guerre.

Le coq n'est qu'un animal égoïste. Il s'irrite contre ce qui lui déplaît, ou semble le menacer personnellement dans son bien-être ou ses goûts de domination. Il est jaloux de ses semblables, envieux, despote et tyrannique ; et c'est pour cela qu'il est batailleur.

Il faut cependant, pour être juste, reconnaître que s'il est despote dans son ménage, il ne maltraite pas ses poulettes, et même qu'il a de véritables attentions pour elles. Il gratte la terre pour leur offrir ce qu'il découvre ; il ne mange que lorsqu'elles sont rassasiées, il sait se priver pour elles, et il les défendrait vaillamment au besoin.

Le coq dort peu, on dirait qu'il se sent chargé de protéger toute sa famille ; aussi l'a-t-on pris pour emblème de la vigilance.

Quant à la poule, elle a ses petits à nourrir, à surveiller, à défendre ; c'est son devoir et sa seule passion. Elle ne veut que leur bien, leur sécurité, et ne songe à rien pour elle-même... Ah ! mes enfants, les mères n'aiment pas la guerre !...

Mais vienne la belette ou l'oiseau de proie, et vous verrez quel courage la poule déploie pour défendre ses petits ! J'ai vu, moi, une poule se jeter sur un épervier qui menaçait sa couvée, et à grands coups d'ailes, de pattes, de bec, le forcer à prendre la fuite. Il me semble que c'était là de la bravoure ! Mais

aussitôt le danger écarté, la poule reprend son caractère tranquille, et retourne tout entière au soin de
sa famille.

Le coq, la poule et les poussins.

— Mère, demanda Paul, comment les petits poussins font-ils pour sortir de leur œuf?
— Quand il y a trois semaines que la mère les
couve, avec une telle assiduité, un tel dévouement

qu'elle souffrirait de la faim plutôt que de les aban-
donner, les petits commencent à percer leur coquille ;
ils la brisent vers le milieu de la longueur de l'œuf
au moyen d'une sorte de renflement corné qu'ils
ont sur le bec. Mais ils auraient beaucoup de peine
pour se dégager entièrement si la mère ne leur venait en aide, en achevant, du dehors, de briser avec
son bec la coquille qui les emprisonne. Aussitôt
sortis de l'œuf, les petits poussins courent, crient
et becquètent seuls leur nourriture ; tandis que les
petits des autres oiseaux sont faibles, presque immobiles au fond de leur nid, et que leurs père et
mère sont obligés de leur donner la *becquée*, c'est-à-
dire de mettre la nourriture toute broyée dans leurs
petits becs.

Vous avez vu bien souvent la poule entourée de
ses poussins : vous savez comment elle va à la re-
cherche des graines, comment elle gratte la terre
pour découvrir les vermisseaux, et comment, dès
qu'elle a trouvé quelque chose, elle *glousse* pour
appeler ses petits, ne mangeant elle-même que
quand ils n'ont plus faim. Puis, s'ils sont fatigués
ou s'ils ont froid, elle s'aplatit sur la terre, étend ses
ailes, et tous ses petits viennent s'y abriter.

— Pourquoi ne va-t-elle pas plutôt avec eux dans
son nid ? Ils y seraient tous mieux que sur la terre.

— Parce que quand les petits ont grossi, le nid
ne peut plus les contenir. Et puis celui de la poule
est grossier, ce n'est parfois qu'un simple trou creusé
dans la terre. Le plus souvent la couveuse dépose
ses œufs sur de la paille ou du foin dans quelque

Faisans et faisane.

lieu retiré. Différents des *passereaux* qui construi-sent si artistement leurs nids, les *gallinacés* ne se donnent aucune peine.

— Qu'est-ce donc que les *gallinacés?* demanda Ernest.

— C'est un ordre d'oiseaux fort nombreux, et très utiles, dont le coq, appelé en latin *gallus*, et la poule appelée *gallina*, sont les types. Les oiseaux de cet ordre peuplent nos basses-cours. Ils ont le vol lourd et difficile, peut-être parce que leurs ailes sont courtes proportionnellement au poids de leur corps, peut-être parce que, réduits en domesticité, et n'ayant plus à faire usage de leurs ailes, ils finis-sent par perdre la faculté de voler ; car, mes enfants, au physique comme au moral, un organe, une fa-culté qu'on n'exerce pas s'affaiblit, et plus tard, quand on en a besoin, on ne la retrouve plus.

Les *dindons*, les *pintades*, les *faisans*, les *perdrix* sont aussi des *gallinacés*. Dans la plupart des es-pèces, la *poule*, c'est-à-dire la femelle, est plus petite et moins richement vêtue que le mâle. Certains coqs domestiques sont vraiment de beaux oiseaux, avec leur crête rouge, leur queue en panache, et leurs longues plumes chatoyantes. Les *faisans*, quoique plus petits, sont plus beaux encore. Il y a des faisans *dorés*, des faisans *argentés*. Quelques-uns sont domestiques, mais leurs petits sont si dif-ciles à élever, que le plus grand nombre vit à l'état sauvage.

— Mère, j'ai vu nos poules manger de petits cail-loux, dit Paul ; n'est-ce pas un goût singulier ?

Perdrix et perdreaux.

— Ce n'est ni par goût, ni comme aliment, que les poules avalent des cailloux, répondit la mère ; c'est par nécessité : vous allez le comprendre :

Parmi les graines dont se nourrissent en partie les gallinacés, il y en a bon nombre qui sont trop dures pour pouvoir être digérées sans avoir été broyées préalablement. Or les gallinacés n'épluchent pas ces graines avec leur bec, comme font certains oiseaux ; et... vous savez le proverbe : « Quand les poules auront des dents, » c'est-à-dire jamais.

Mais si les poules n'ont pas de dents au bec, elles se mettent dans l'estomac quelque chose qui leur en tient lieu. Cette chose est précisément les petits cailloux qu'elles avalent avec leur nourriture. Tout cela descend d'abord dans une sorte de poche qu'on nomme le *jabot*, et qui, quand l'oiseau a mangé, forme une bosse sur le devant du cou. Du jabot, les aliments passent dans l'estomac véritable qu'on appelle le *gésier*. Ce gésier, ou estomac des oiseaux, est un sac musculeux, très épais, très fort, et qui, en faisant des mouvements et des contractions, froisse pêle-mêle cailloux et graines les uns contre les autres. Les cailloux jouent alors le rôle de dents, ou si vous aimez mieux, de petites meules, qui broient les graines, et les mettent en état d'être digérées. N'est-ce pas encore là une de ces combinaisons admirables comme la nature en sait faire ?

— Mère, tu as dit que les animaux de l'ordre des *gallinacés* sont des espèces précieuses ; je croyais que les jolis oiseaux d'une volière étaient plus précieux que les gros oiseaux de *basse-cour*.

Cailles et cailleteaux.

— Ils sont plus jolis, mais ils sont moins utiles.
Une basse-cour, mes chers enfants, est l'acces-
soire indispensable d'une bonne exploitation agri
cole, grande ou petite. L'élevage des poulets, la pro-
duction des œufs, forment un revenu important ;
mais en ceci comme en tout le reste, il faut beaucoup
de soins, d'économie et de bonnes dispositions. Si
on laisse les volailles errer à l'aventure dans les che-
mins ou les champs, elles font des dégâts en grattant le sol pour chercher des graines, et elles perdent leurs œufs en les pondant çà et là. Si au contraire on les maintient toujours enfermées dans
des poulaillers humides, sales, étroits, sans air ni
soleil, les pauvres bêtes deviennent malades, ché-
tives, et le nombre des œufs diminue.

Quand on veut établir une belle et bonne basse-
cour, il faut construire le *poulailler* à peu de distance
des étables, en un lieu sec, et le disposer de manière
qu'on puisse facilement y entretenir la plus grande
propreté. Il faut le peupler d'animaux de bonnes
races, car il y a un choix à faire: telle espèce mange
beaucoup et grossit peu, tandis que telle autre mange
peu et grossit beaucoup. On dispose dans un endroit,
à l'abri de l'humidité, une couche de paille où les
pondeuses iront déposer leurs œufs.

C'est au mois de février que les poules commencent à pondre, et elles continuent pendant tout l'été.
Une bonne poule pond ordinairement quatre ou cinq
œufs par semaine. On les lui enlève au fur et à mesure pour les vendre ou s'en nourrir ; mais lorsqu'elle veut couver, ce qui se reconnaît à un certain

gloussement qu'elle fait entendre en grattant la terre comme si elle appelait des petits, on choisit douze ou quinze œufs des plus beaux, on les lui donne dans un endroit tranquille : elle s'y pose aussitôt, et en voilà pour vingt et un jours !

A l'automne, les poules commencent à *muer*, c'est-à-dire à perdre leurs plumes. Presque tous les oiseaux, et plusieurs animaux à poil, renouvellent ainsi leur vêtement à l'entrée de l'hiver. Pendant qu'elles muent, les poules cessent de pondre. Si l'on veut avoir des œufs en hiver, il faut tenir les poules dans un endroit chauffé, et leur donner une nourriture tonique, du chènevis, du sarrasin, de l'avoine surtout. Vous voyez, mes enfants, que nous ne pouvons tirer avantage de nos animaux domestiques qu'à la condition de leur rendre en soins ce qu'ils nous donnent en produits.

Il en est de même quand on veut élever des poussins : la nourriture qui suffit aux autres volailles ne serait pas assez délicate pour eux. Il faut leur donner des pâtées de pain, de son, de lait, de pommes de terre ou de maïs. Il ne faut pas oublier surtout de mettre de l'eau fraîche à leur portée pour les désaltérer, autrement ils contracteraient une maladie qu'on appelle la *pépie*, qui les empêche de boire et de manger, et ils mourraient bientôt.

— Mère, dit Louis avec une légère confusion, il me semble que..... la poule vaut mieux que le coq ?.....

— Elle a du moins, répondit la mère, une qualité supérieure à toutes les autres, et qu'il se trouve

à propos de vous dire, au milieu de vos mauvais
desseins contre ces enfants que vous appelez des
étrangers.

Écoutez bien ceci, c'est une histoire véritable.

Il y avait une fois une poule à laquelle on avait
donné douze œufs à couver, dans un nid de paille,
sous la table d'un pressoir.

Après trois semaines d'espérances maternelles,
mais aussi de patience et de privation de tout mouvement, voilà qu'elle sent un petit mouvement se
produire sous ses ailes.

« Ah! dit-elle, ce sont mes enfants qui demandent à naître! » Et la voilà qui se met en devoir
d'aider les petits poussins à percer leur coquille.

Quel bonheur! quelle émotion pour la tendre
mère! Tout à coup un poussin apparaît à ses regards. O surprise! il avait un gros bec large, aplati,
tel que n'en eut jamais un poulet!... Et des pattes
palmées tout à fait inconnues des gallinacés. Quel
malheur! avoir un enfant fait comme cela! que vont
dire les autres poulettes du voisinage? Et surtout
quel souci pour l'avenir de cet enfant!

Un autre petit sort de son œuf : il est fait de la
même manière! puis trois, puis quatre, cinq, six...
six sur douze!... Je vous laisse à penser, mes enfants, la déception et le chagrin de la pauvre couveuse, en voyant ces *étrangers* au nombre de ses
enfants. Il fallut pourtant se résigner à son sort.

« Après tout, se dit la poule, il ne faut pas se dés-
espérer. Peut-être qu'à force de soins ceux-là devien-

dront de jolis petits poulets comme les autres ! » Et la bonne mère s'occupa de ces *étrangers* avec plus de sollicitude encore que de ses propres enfants.

De temps en temps elle s'arrêtait tout à coup, et les examinait pour voir s'il ne s'opérait pas en eux quelque changement.

« Il me semble... se disait-elle parfois, oui, c'est bien sûr... leur bec a diminué sensiblement depuis hier... » Mais c'était une illusion maternelle, car les gros becs aplatis allaient toujours croissant.

Puis une nouvelle étrangeté s'était manifestée avec l'âge : tandis que six de ses enfants pépiaient comme d'honnêtes petits poussins, les six autres faisaient entendre un murmure nasillard, dans lequel des *coin-coin* confus se distinguaient déjà.

Tous les volatiles de la basse-cour se moquaient cruellement de la pauvre couveuse. Les coqs bravaches, les jeunes poulets taquins, certaines vieilles commères de poules qui n'avaient jamais su mener une couvée à bien, lui répétaient sur tous les tons : « Est-il possible d'être naïve à ce point ? mais regarde donc tes enfants ! Est-ce que ça a jamais été des poulets ? Tu ne vois donc pas ces becs ridicules, ces doigts empêtrés, et cette large queue en forme de battoir, et puis ceci, et puis cela ! Va bien vite jeter à l'eau ces affreux avortons qui ne furent jamais des nôtres ! »

— Et moi, répondait la brave poulette, je vous dis que, pour ce qui est du bec, peu m'importe ; ceux-là seront mes enfants comme les autres. Est-ce que ce n'est pas moi qui les ai couvés trois semaines durant? Est-ce qu'ils ne sont pas éclos sous mes ailes? Est-ce qu'ils connaissent une autre mère que moi? Et s'ils ne ressemblent pas à mes autres petits, qu'est-ce que cela me fait après tout? Je les aime tels qu'ils sont, et vienne quelqu'un les attaquer!... On verra ce que c'est qu'*une poule!*

Or voilà qu'un jour toute la famille sortit de la basse-cour et s'en alla aux champs. Sur le bord du sentier se trouvait une fraîche fontaine, avec un dôme de lierre et une bordure de cresson. Un mince filet d'eau sortait de la fontaine, et formait tout près de là une petite mare où les bestiaux venaient boire. A peine les soi-disant poulets à gros bec eurent-ils aperçu cette eau, qu'ils s'y précipitèrent en se bousculant les uns les autres, et cancanant joyeusement.

« Ah! de l'eau, de l'eau! disaient-ils dans leur langage... » Et ils nageaient et barbotaient à qui mieux mieux, comme..., devinez-vous? Comme de vrais petits *canards* qu'ils étaient.

La pauvre poulette, en proie aux plus vives alarmes, courait sur le bord de l'eau et s'écriait :

« Ah! malheureux enfants! ils sont perdus! Ils vont se noyer! Revenez, mes chéris, revenez bien vite, ou vous allez périr! ah! mes enfants! mes enfants! »

Mais les canetons n'écoutaient plus leur mère adoptive; ils ne comprenaient même pas ses alarmes; ils étaient si contents, si heureux; ils criaient à leurs frères les poulets :

« Eh! les amis, venez donc avec nous, à l'eau, à

l'eau! c'est si frais, si clair, c'est si joli; à l'eau, à l'eau! » Et ils frétillaient, et ils chantaient *coin-coin, coin-coin.*

Mais les petits poussins n'avaient garde d'aller à l'eau, cela n'était pas dans leur instinct à eux; au contraire, ils en avaient peur !

Cependant, les canards ayant bien barboté, et avec un plaisir extrême, sortirent de la mare en secouant leurs ailes naissantes, et coururent rejoindre leur mère: furent-ils grondés!.... et caressés! vous le pensez bien.

A la fin pourtant la mère s'accoutuma à voir ses enfants suivre chacun l'instinct que la nature leur avait donné. Elle s'y accoutuma si bien qu'elle cessa de se tourmenter; et quoiqu'elle ne fût qu'une bête, incapable de comprendre ce que peuvent comprendre des hommes, et même des enfants, elle se montra plus sage et d'un meilleur naturel que de petits écoliers de ma connaissance... Malgré les différences de forme, de couleur, d'habitude, et même d'espèce, qui existent entre les petits canards et les petits poulets, elle continua de les aimer tout comme ses propres enfants.

Les petits poussins, à son exemple, ne tinrent aucun compte de ces différences, et tous vécurent en paix et bonne intelligence. N'étaient-ils pas plus heureux, je vous le demande, que ces coqs turbulents et rageurs, toujours prêts à se jeter des défis, et à se battre dès qu'ils en trouvent l'occasion ?

— Oui, dit Paul, mais ceci est une fable.

— Non, mon ami, c'est une réalité; je n'ai fait

parler mes volatiles que pour vous faire mieux comprendre des faits parfaitement exacts. A la campagne, vous verrez très souvent une poule, ordinairement meilleure couveuse qu'une cane, suivie d'une troupe de petits canards qu'elle a couvés et adoptés, sans se demander s'ils sont pour elle des étrangers ou non.

Ah ! mes chers enfants, vous êtes étourdis, oublieux, c'est de votre âge, je ne vous le reproche pas; mais je regrette que vous ne fassiez attention à rien, que vous ne sachiez pas observer ! Cela me chagrine. Et pourtant, en regardant autour de nous, parmi les choses les plus familières, nous verrions tant de faits instructifs, pleins d'intérêt et d'utiles leçons ! Croyez-moi, mes enfants, il n'y a pas besoin pour s'instruire d'entreprendre de longs voyages ! Observez la nature, c'est une maîtresse d'école qui ne vous infligera pas de trop sévères devoirs; et les leçons que Dieu nous y donne sous toutes les formes, vous seront profitables.

Ce n'est pas que je veuille vous proposer des animaux pour exemple; non mes enfants, Dieu a mis en nous-mêmes un guide plus sûr que l'instinct, c'est notre raison, notre conscience. Mais comme il nous arrive souvent d'agir sans les consulter, il nous est utile de remarquer des choses qui nous donnent à penser, et nous fassent anticiper sur l'expérience. Dans ce cas, ce ne sont ni les animaux ni les plantes qui nous donnent des leçons, c'est la nature elle-même, ou plutôt c'est Dieu, qui lui a donné ses lois.

Le lendemain, les trois frères en arrivant à l'é-

cole racontèrent à leurs camarades tout ce qu'ils
avaient appris de leur mère. L'histoire des coqs et
celle des petits canards leur causèrent une salutaire
impression. Ils comprirent que tous les hommes
sont frères, quel que soit leur pays. Bientôt ils ten-
dirent la main à leurs condisciples les jeunes Canadiens, et à partir de ce moment la paix régna dans
la petite école.

Questionnaire

A quel ordre d'oiseaux appartiennent le coq et la poule?
Les gallinacés, en général, sont-ils plus gros que les passe-
reaux et les autres oiseaux?
Ont-ils le vol lourd ou léger?
Ceux qui vivent en domesticité ne sont-ils pas presque entière-
ment privés de la faculté de voler?
Pourquoi cela?
Citez d'autres espèces appartenant à l'ordre des gallinacés.
Dans ces différentes espèces, le mâle, appelé généralement *coq*,
est-il plus richement vêtu que la *poule*?
La femelle est-elle d'ordinaire plus petite que le mâle?
Le plumage des gallinacés est-il généralement brillant?
De quoi se nourrissent les gallinacés, et en particulier le coq
et la poule proprement dits?
Pourquoi avalent-ils de petits cailloux?
Quel est l'instinct dominant du coq?
Quelles sont ses armes?
Dans quel but cet instinct de courage lui a-t-il été donné par la
nature?
N'est-ce pas une cruauté de faire battre les coqs?
Quand ces animaux sans raison se battent ainsi contre leurs
semblables, n'est-ce pas toujours au détriment de tous deux?
Cet instinct batailleur est-il à admirer, à imiter?
Quelle distinction devons-nous faire entre le vrai courage et
l'humeur batailleuse?
Les poules ont-elles l'humeur batailleuse?

Manquent-elles de courage cependant?

Dans quels cas surtout la poule se montre-t-elle courageuse?

La poule fait-elle un nid?

Combien couve-t-elle ordinairement d'œufs à la fois?

Combien de temps la poule couve-t-elle ses œufs?

Qu'arrive-t-il au bout de ce temps?

Avec quoi le petit poussin perce-t-il sa coquille?

Comment sa mère l'aide-t-elle dans ce travail?

Le petit poussin devient-il bientôt capable de courir et de chercher sa nourriture?

Naît-il couvert de plumes?

Quels soins la poule prend-elle de sa couvée?

La poule peut-elle couver et faire éclore les œufs d'un autre oiseau, et en particulier les œufs de cane?

La poule adopte-t-elle les petits sortis des œufs qu'elle a couvés, quelle que soit leur espèce?

Racontez les soucis d'une poule couveuse quand les petits canards qu'elle a couvés vont à l'eau, suivant leur instinct.

Les observations que nous pouvons faire journellement sur tout ce qui nous entoure, et en particulier sur nos animaux domestiques, peuvent-elles nous être d'une grande utilité?

Quelle leçon devons-nous tirer de ces observations?

Est-ce que l'homme doit recevoir des leçons des animaux sans raison?

Les leçons que nous retirons de l'expérience et de l'observation de toute chose, nous sont-elles données par les animaux et les choses, ou par Dieu qui les a faits?

LE DINDON

(LA COLONIE)

Savez-vous, mes enfants, ce que c'est qu'une
colonie? Non, sans doute. Eh bien, c'est une réunion
d'hommes et de femmes que divers motifs, dont le
plus général est la pauvreté, poussent à quitter leur
patrie et à s'en aller dans un pays lointain, souvent
sur une terre inculte, pour la fertiliser et y former
une société nouvelle. Ces hommes, on les appelle
des *colons.*

Les colons apportent avec eux des instruments
de travail, des vivres pour leurs premiers mois de
séjour, et les objets les plus nécessaires à la vie.

La terre de leur patrie, non trop étroite, comme
on le dit quelquefois, mais trop mal cultivée pour
nourrir tous ses habitants ; ou bien l'absence d'industrie, et par suite le manque de travail pour les
ouvriers, leur imposaient des souffrances auxquelles
ils espèrent mettre fin en s'exilant. Alors ils quittent leurs familles, leurs amis. Ils s'embarquent
sur des navires, et les voilà, après une longue et
pénible traversée, parvenus au terme de leur
voyage.

Là, le sol est inculte, il est vrai, mais il n'appartient encore à personne, et celui qui le premier défriche un champ et le laboure, est assuré d'en recueillir tous les fruits. A l'œuvre donc, et bon courage ! Du courage, car cette terre inhabitée, sauvage, il faut la transformer.

Mais tout d'abord, et avant d'entreprendre la transformation de la terre, il faut que les colons se construisent des abris. Avec de bonnes haches, de bonnes scies, et des bras vigoureux, ce travail sera facile. Souvent le pays est couvert de forêts ; on abat les arbres, on les ébranche, on les équarrit, et avec leurs troncs élevés l'un sur l'autre en guise de murs, on a une maison de bois.

De la place où étaient les arbres qu'on vient d'abattre on fait un champ. Ce travail est plus pénible que le premier. Il faut arracher et brûler les souches, les racines qui encombrent le terrain. Il faut ensuite labourer, ensemencer. Mais en attendant le produit de la première récolte, il faut aller à la chasse dans les forêts pour se procurer des vivres. Ces forêts touffues, presque impénétrables si ce n'est la hache à la main, sont remplies d'arbres et de plantes pour la plupart inconnus des nouveaux habitants ; il faut apprendre à les connaître, afin de pouvoir tirer parti de leurs fruits, de leur bois. Et ces plantes de toutes sortes qui ne ressemblent pas à celles de la *mère patrie*, il faut apprendre à connaître leurs propriétés pour s'en servir, et pour cultiver celles qui présentent des ressources, soit comme nourriture, soit pour d'autres usages.

Pour chaque besoin de la vie il faut imaginer un expédient. Que d'essais infructueux! Que de recherches avant de parvenir à découvrir et à utiliser les ressources que le pays renferme!

Puis, quand je vous disais tout à l'heure que ces terres sont inhabitées, je voulais dire seulement qu'il ne s'y trouve point d'hommes civilisés. Car parfois il s'y trouve des sauvages, habitants *naturels* du pays, qui sont là chez eux; et qui, souvent maltraités bien à tort par de premiers colons, se vengent quand ils le peuvent sur ceux d'aujourd'hui. Il faut les écarter, et trouver moyen de se défendre.

Il y a aussi d'autres habitants avec lesquels on ne peut éviter de faire connaissance : ce sont les animaux de toute espèce qui étaient les maîtres de la contrée avant l'établissement de la colonie.

Il y a, parmi eux, des bêtes bien connues pour être féroces. Il faut tout d'abord détruire ou faire déloger celles-là, parce qu'il est impossible de vivre en bons termes avec elles.

Mais il ne faut pas se hâter de dire : « Celui-ci est un animal nuisible, détruisons-le! » Qui sait si, en s'y appliquant bien, on ne trouverait pas moyen de l'apprivoiser, de s'en faire un auxiliaire et un ami, ce qui serait plus agréable et plus avantageux que de le détruire.

Il y a aussi d'autres animaux inconnus, farouches et timides, mais nullement à craindre, et faciles à *domestiquer*. Avec ceux-là il ne s'agit que d'avoir de la patience et de l'industrie pour savoir en tirer parti. Et si ces races d'animaux peuvent être accli-

matées dans le pays qu'on a quitté, on les y enverra,
et ce sera un grand service rendu par les pauvres
exilés à leur *mère patrie!*

Les colons dont je vais vous raconter l'histoire
étaient allés dans l'Amérique du Nord.

L'Amérique, mes enfants, vous la connaissez
tous. Vous savez que ce vaste continent, divisé en
Amérique du Nord et en Amérique du Sud, était
autrefois totalement inconnu des Européens. Il y
a maintenant quatre cents ans, personne ne
se doutait que l'Amérique existât. Et quand
Christophe Colomb, cet homme de génie, l'eut
découverte (en 1492) et qu'il eut indiqué la
route de ce pays si beau et d'une si étonnante
fertilité, un grand nombre de colons venus
d'Europe s'y établirent, fondèrent peu à peu,
avec le temps, des villes et des institutions, et
devinrent cette grande nation américaine dont,
certainement, vous entendez souvent parler.

Les premiers colons, après avoir fait leurs défri-
chements, cherchèrent autour d'eux les animaux
qui pourraient leur être utiles. Naturellement ils
cherchèrent ceux qui, en Europe, sont les aides
précieux du laboureur : le bœuf, la vache, le cheval.
Ils trouvèrent bien certaines espèces de bœufs sauvages qu'ils purent apprivoiser, mais ils ne trouvèrent point de chevaux..... Il fallut donc en faire
venir d'Europe, à grands frais. Maintenant les chevaux se sont si bien acclimatés en Amérique, et s'y
sont tellement multipliés, qu'en certaines contrées
ils sont plus communs même qu'en Europe.

Puis, comme il n'y a pas de bonne ferme sans basse-cour, il fallut chercher des oiseaux qui pussent remplacer les poules et les canards.

Plus tard on fit venir, d'Europe, et l'on acclimata les espèces qui peuplent nos basses-cours. Mais au début il était plus prompt et plus simple d'apprivoiser les animaux de ce genre qui se trouvaient dans le pays.

C'était dans les premiers temps de l'établissement d'une colonie anglaise, sur les bords d'une belle rivière qu'on nomme l'*Ohio*, dans l'Amérique du Nord. Un jour, deux chasseurs, un colon et son fils, avaient pénétré dans la forêt à quelque distance de leurs premières plantations. Ils marchaient déjà depuis quelque temps, admirant les grands arbres, les belles lianes, les oiseaux au brillant plumage, encore presque inconnus pour eux, quand le fils aperçoit confusément à travers le fourré une sorte de gros oiseau posé à terre, dans une petite clairière entre les arbres.

— Qu'est-ce que celui-là, père? dit-il à demi-voix. Approche.... tiens, là, sous le buisson, regarde..... on dirait un gros coq. Voilà de quoi remplir notre marmite ce soir pour le souper.

Et le jeune homme s'apprêtait à faire feu....

— Attends, James, dit le père en abaissant le canon du fusil; attends un peu, que nous voyons à quelle bête nous avons affaire.

Et ils se mirent à examiner l'oiseau. Il ressemblait en effet à un gros coq; mais au lieu d'avoir une crête sur la tête, il avait sur le bec une sorte de cordon de chair, extrêmement rouge qui lui descendait jusque sur le cou et la poitrine, lesquels étaient eux-mêmes couverts non de plumes noires comme le reste du corps, mais de boursouflures rouges semblables au cordon qui lui pendait sur le nez.

Coq d'Inde ou dindon.

— Quelle singulière espèce d'oiseau cela peut-il être? se demandait le père.

— Et qu'importe, répondit le fils; c'est toujours du gibier!

— Je te dis de ne pas tirer, reprit avec autorité le vieux colon. Cet oiseau ne paraît pas farouche. Il a l'apparence d'un oiseau de basse-cour; peut-être serait-ce pour nous une précieuse acquisition. Il a sans doute son nid dans les environs : cherchons doucement; observe de ton côté, et ne faisons pas de bruit. S'il fait mine de s'envoler, il sera temps de tirer dessus.

Mais le gros oiseau ne semblait pas songer à s'envoler ; il marchait de ci, de là, gravement, les ailes pendantes, et se dirigeait souvent vers un épais fourré.

Nos deux colons se rapprochaient de l'oiseau avec précaution, en se glissant entre les branches, lorsqu'ils aperçurent sous le buisson une sorte de grosse poule accroupie sur ses œufs : c'était la femelle.

— Voilà ce que j'espérais, dit le chasseur à son jeune compagnon. Il ne s'agit maintenant que de s'emparer de la couveuse et de ses œufs. Je me charge de cette capture. Toi, rampe derrière le buisson ; fais-en le tour, et barre-lui le chemin, si par hasard elle cherche à s'enfuir de ce côté.

Mais la grosse poule ne bougea pas ; et quand le chasseur qui s'avançait à pas de loup étendit vivement la main pour la saisir, elle resta bravement sur ses œufs pour les protéger, en se bornant à se défendre des ailes et du bec.

Quant au gros coq, il avait disparu !

Les deux colons s'emparèrent donc de la courageuse mère et de sa couvée, et chargés de leur butin ils revinrent en toute hâte vers l'habitation.

— Au lieu d'un seul oiseau nous aurons toute la famille, disait le père enchanté de sa trouvaille. Voilà ce que l'on gagne à ne pas agir étourdiment.

— Mais aussi nous avons perdu le coq, reprit le jeune homme qui regrettait l'occasion de tirer un coup de fusil.

— J'en conviens..... Pourtant il n'est peut-être pas tout à fait perdu : j'ai mon idée. Nous nous plai-

gnions de n'avoir pas de volailles; voilà une espèce
de la plus belle apparence, et dont les œufs sont
beaucoup plus gros que ceux de nos poules d'Europe.
Reste à savoir si nous pourrons l'apprivoiser et l'habituer au régime de nos basses-cours?

Le soir était venu; les gens de l'habitation n'attendaient plus que le retour des deux colons pour
prendre leur repas.

— Eh bien! et la chasse? s'écrièrent les enfants
du plus loin qu'ils les aperçurent, et en courant à
leur rencontre.

Le père leur montra son fardeau.

— Une poule! s'écrièrent-ils. Une grosse poule
noire! Et des œufs! quels beaux œufs!

— Où l'avez-vous trouvée? demanda la mère en
s'approchant à son tour. J'espère qu'on ne la tuera
pas, la pauvre bête!

— Non, certes! Il faut au contraire la bien soi-
gner; ce sera sans doute pour nous une conquête
précieuse.

— Nous allons lui bâtir une petite cabane, repri-
rent les enfants tout joyeux; et ils se mirent à l'œuvre sur-le-champ.

Dans le coin de la cour, près de la maison, ils
plantèrent quelques piquets en forme de palissade,
avec des branchages entrelacés. Ils couvrirent une
partie de cet abri d'un léger toit de feuillage; puis
sur quelques poignées d'herbe sèche, ils déposèrent
la poule et ses œufs.... Au bout d'une heure, elle
paraissait habituée à sa nouvelle demeure, et couvait
comme si de rien n'était.

Les enfants étaient transportés de plaisir : « Quel bonheur ! disaient-ils, nous aurons donc de jolis petits poulets comme nous en avions autrefois en Europe. » Et tous les matins, en se levant, ils venaient voir si les petits étaient éclos, et leur apporter des graines.

Quelques jours plus tard, les cris de surprise des enfants faisaient accourir tous les gens de la maison. En allant visiter la poule, ils avaient trouvé près d'elle un autre gros oiseau de la même espèce, qui, à leur approche, s'était mis à se *pavaner* et à se rengorger, en étalant ses ailes, déployant sa queue comme un éventail, et gonflant son énorme parure rouge, crête et jabot, ce qui lui donnait un aspect extraordinaire.

— Mais c'est le coq ! s'écria le père. C'est le coq que nous avons rencontré dans la forêt, et qui avait si lâchement abandonné sa compagne dans le danger. Il paraît qu'il s'est ravisé, puisqu'il vient la rejoindre.

Huit jours après, toute la nichée de poussins était éclose et becquetait dans la cour l'herbe, les graines et les petits vermisseaux.

Bientôt on découvrit dans les environs d'autres oiseaux de la même espèce ; et l'on reconnut qu'ils étaient fort communs dans le pays.

Dans toutes les fermes voisines on s'appliqua à les apprivoiser ; et ces oiseaux multiplièrent tellement qu'ils devinrent une des richesses de la colonie.

A quelque temps de là, des navigateurs revenant d'Amérique apportèrent en Europe ces oiseaux qui

firent sensation, et parurent très extraordinaires
quand on les vit pour la première fois.

Mais maintenant ils sont répandus dans toute
l'Europe. Vous les connaissez, mes enfants : ce sont
les *coqs* et les *poules d'Inde*, que l'on nomma ainsi
alors parce qu'ils venaient de l'Amérique, appelée
à cette époque les *Indes occidentales*.

Ces oiseaux sont aujourd'hui appelés simplement
dindes et *dindons*, par abréviation de leur ancien
nom. On en voit dans toutes les basses-cours; ils
sont les plus gros personnages de l'ordre des gallinacés.

Le *dindon* se distingue des autres *gallinacés* par
cette espèce de membrane qui pend sur son bec, et
s'étend sur le reste du cou. On la nomme *caroncule*.
Cet étrange appendice, habituellement rouge, rougit encore davantage quand l'oiseau est en colère.
Or le dindon est très irascible. Il suffit pour l'irriter
de lui adresser brusquement la parole, ou de lui montrer, dit-on, quelque objet d'un rouge vif. Pourquoi
cela? Pourquoi cette aversion pour une si belle
couleur? Est-ce par envie? Est-ce que l'éclat du
rouge, vu en face, lui blesse les yeux? Toujours
est-il qu'il témoigne son mécontentement par toutes
sortes de mouvements brusques et de gloussements
entrecoupés.

Voilà donc un animal utile, dont nous devons le
bénéfice à la sagacité de quelques colons. Mais n'allez pas croire que ce soit une chose très facile d'*acclimater* un animal, c'est-à-dire de le faire vivre dans
une autre contrée que la sienne. Pour élever le din-

don dans les basses-cours de nos pays, il faut remplacer par beaucoup de soins les avantages de son climat et de son pays natal.

La poule d'Inde ne fait qu'une seule ponte par an, une quinzaine d'œufs, qu'elle couve pendant quarante jours. Les petits *dindonneaux* sont plus délicats et plus difficiles à élever que nos petits poussins. Le froid, la pluie, les font périr ; il est important de les mettre à l'abri : et quand, malgré toutes les précautions, ils ont eu froid, il faut les réchauffer en leur faisant boire quelques gouttes de vin.

Les mœurs de ces animaux vivant à l'état sauvage sont très curieuses à observer. On sait, par exemple, qu'ils font chaque année des voyages assez lointains, quoique leur vol soit lourd (comme celui de presque tous les gallinacés). Ils vivent de graines, de fruits, de petits lézards qu'ils excellent à surprendre. Ces oiseaux sont très attachés à leurs petits, et ils les défendent courageusement contre les animaux féroces ou les oiseaux de proie.

On cite d'eux un trait qui vous étonnera, et qui pourtant est affirmé par les voyageurs : les petits dindons sortent de l'œuf presque sans plumes ; s'il leur arrive d'être mouillés par la pluie, ils ont froid et meurent, comme je viens de vous le dire. La mère sait cela, et quand ces petits inexpérimentés sont allés, malgré elle, courir sous une ondée, elle cueille des bourgeons de certaines plantes aromatiques qu'elle connaît, elle les leur fait avaler, et cette plante qui les réchauffe prévient tout accident.

Vous ne vous attendiez pas à pareille chose : une

dinde médecin, administrant des pilules ! Un pareil
trait, chez un animal que nous trouvions si stupide,
a lieu de nous étonner !...

C'est qu'en devenant nos esclaves, ces animaux
ont perdu le meilleur de l'instinct qu'ils possédaient
à l'état sauvage. Et si vous me demandez pourquoi,
je vous répondrai que rien n'est plus naturel et plus
simple. Nous leur fournissons la nourriture, l'abri,
ils n'ont plus à se préoccuper de leurs besoins, à faire
usage de leur instinct pour subvenir aux nécessités
de leur vie. Cet instinct devenu inutile s'engourdit,
et disparaît peu à peu. Pourquoi les colons et tous
ceux qui ont besoin du fruit de leur travail pour
vivre deviennent-ils si industrieux, savent-ils si
bien tirer parti de tout? Ah! mes enfants, c'est
parce qu'ils y sont obligés *sous peine de souffrance!*
Il leur faut s'ingénier, réfléchir, travailler, faire
usage enfin de toute leur intelligence, de toute leur
adresse, de toute leur activité. Et ces précieuses qua-
lités données par le Créateur se développent d'autant plus que nous nous en servons davantage.

Mais si l'homme trouvait sur la terre tout ce qu'il
lui faut sans se donner aucune peine, il se croirait
dispensé du travail. Il serait comme certains enfants qui, parce que leurs parents ont de la fortune,
parce que tous leurs besoins, tous leurs caprices
sont satisfaits, s'imaginent qu'il leur est inutile de
s'instruire, et qu'on est toujours assez savant, assez
habile, quand on est riche! De tels enfants devien-
dront un jour des hommes inactifs, indolents, sans
intelligence, nuisibles, cela est certain... Tandis

que s'ils eussent été, au contraire, forcés de s'instruire soit pour subvenir à leurs besoins, soit pour accomplir des œuvres utiles aux autres, ils seraient devenus de plus en plus intelligents, sages, bons et heureux.

C'est que, mes chers enfants, Dieu, en nous imposant le travail, a voulu qu'il nous devînt salutaire; et le meilleur moyen d'accroître nos facultés, c'est de nous en servir !

Questionnaire

A quel ordre d'oiseaux appartient le dindon?
De quel pays est-il originaire?
D'où lui vient son nom?
Comment l'appelle-t-on encore?
Qu'est-ce qui le distingue à première vue des autres gallinacés?
Quel est le caractère du dindon?
Est-il irascible?
Est-il vrai que la vue de la couleur rouge excite sa colère?
Comment s'appelle le cri du dindon?
Quelle est sa couleur ordinaire?
Le *coq d'Inde* est-il plus grand, a-t-il la queue plus belle que la *poule d'Inde?*
De quoi se nourrit le dindon à l'état domestique?
Comment vit-il et que mange-t-il à l'état sauvage?
Est-il aussi stupide à l'état de nature que dans nos basses-cours?
Pourquoi non ?
Citez un trait de l'instinct du dindon sauvage.
La poule d'Inde couve-t-elle ses œufs?
Ses petits naissent-ils couverts de plumes?
Les dindons sauvages font-ils des voyages?
L'élevage des dindons est-il une ressource importante en certains pays ?
Quels sont les hommes qui ont songé les premiers à domestiquer le dindon?

Qu'appelle-t-on *colon?*
Colonie?
Quels sont les premiers travaux d'une colonie?
Qu'appelle-t-on défricher?
Quel est le but du défrichement?
Quand les champs sont labourés, quelle doit être la conduite
  des colons à l'égard des animaux qu'ils rencontrent?
Pourquoi leur est-il plus avantageux de domestiquer, si cela
  est possible, les animaux du pays, que d'apporter de la mère
  patrie les races qui y sont habituellement élevées?
Quelle est, pour l'homme, la conséquence de cette nécessité
  d'observer et de réfléchir?
Est-il avantageux pour nous que la nécessité du travail nous
  oblige à exercer nos facultés?
Qu'arriverait-il si nous n'avions nul besoin de travailler?
Les animaux eux-mêmes ne perdent-ils pas leurs instincts dès
  qu'ils cessent de les exercer?
Citez l'exemple du dindon à l'appui de cette assertion.

L'AUTRUCHE

(UN JEU INNOCENT)

Trois enfants étaient assis sur le banc de pierre,
dans le jardin, près de la porte. Ils avaient couru
dans les champs toute la journée ; maintenant
c'était le soir, l'heure des jeux tranquilles était
venue, en attendant l'heure du sommeil. On jouait
donc, et, ne vous en déplaise, on jouait à *pigeon
vole !*

Un joli jeu, celui-là ! Il était fort du goût d'Albert,
de Marie elle-même, qui pourtant était la plus
grande et la plus raisonnable. Tous deux riaient de
bon cœur quand la petite Linette, la plus jeune sœur,
élevant sa main jusqu'au-dessus de sa tête, faisait
voler avec empressement les *chameaux* et les *hippo-
potames !*

Ne souriez point de ce jeu, grands enfants qui me
lirez peut-être ! Il y en a peu qui soient plus innocents, surtout parmi les jeux des hommes faits.
Jeux souvent terribles, où l'on engloutit sa fortune,
l'aisance et le bonheur de sa famille. Et d'autres
jeux plus cruels encore, dont les enfants, hélas !
entendront parler toujours trop tôt !... Je ne veux

pas songer à ces jeux qui font couler tant de larmes. Je sens que je ne dormirais pas cette nuit.

Eh bien! moi je déclare que je suis de l'avis d'Albert et de Linette : c'est un bien joli jeu que celui de *pigeon vole!*... J'y ai pris bien du plaisir, je ne m'en cache pas ; et, vienne l'occasion, j'y jouerai encore ! A ce jeu-là du moins, les enfants rient, et les mères ne pleurent pas. A ce jeu-là, celui qui perd ne donne que des gages ; et ces gages se rachètent par des baisers...

A ce moment, Brigitte et Léon revenaient de la promenade avec leur mère. Ils entrèrent par la porte du verger, et passèrent devant le banc de pierre, juste au moment où les trois enfants s'écriaient en chœur : «*Autruche... vole!* » Dans l'ardeur du jeu, ils s'étaient levés tous ensemble; Linette, ne se trouvant pas sans doute assez grande pour la circonstance, avait grimpé sur le banc, et levait à la fois ses deux mains vers le ciel, pour mieux indiquer la prodigieuse puissance qu'elle supposait au *vol de l'autruche*. Mais apercevant sa mère, elle abaissa ses bras et les lui tendit en souriant. Elle se trouvait ainsi juste à la hauteur de son baiser.

Tandis que la maman soulevait sa chère petite dans ses bras, la question s'agitait vivement entre les autres enfants, à savoir « s'il fallait faire *donner des gages* ».

— Mais non, disaient d'une seule voix Albert et Marie; non, car l'*autruche* est un oiseau !

— C'est vrai, reprit Brigitte, c'est un oiseau, mais l'autruche ne vole pas.

— Tous les oiseaux volent, dit Albert, puisqu'ils ont des ailes.

— Peut-être que les autruches n'ont pas d'ailes, dit Léon ; ce ne sont peut-être pas de vrais oiseaux.

— Qui nous dira cela ?

— Mère ! mère ! crièrent Albert et Marie en sautant sur le banc, et posant leurs mains de toutes leurs forces sur les épaules de leur mère pour la faire asseoir auprès d'eux.

— Mère, assieds-toi, et dis-nous si l'autruche est un véritable oiseau ?

— L'autruche est un oiseau, répondit la mère, et cependant l'autruche ne vole pas.

— Alors un gage, Linette !

— Tous ceux-là sont à elle ! dit Marie en étendant son tablier pour montrer à sa mère les fleurs, les jouets, les petits cailloux blancs et roses que Linette avait donnés en gage. Pauvre Linette ! elle avait déjà ses petites joues toutes rougies par ses pénitences.

— Cela vous paraît étrange, n'est-ce pas, mes enfants, reprit la mère, un oiseau qui ne vole pas ?

L'autruche a bien d'autres singularités ! C'est un animal tout à fait extraordinaire, tant par sa conformation que par ses habitudes.

D'abord, c'est le plus grand de tous les oiseaux ; du moins le plus grand de tous ceux qui existent maintenant, car il y a eu autrefois des espèces plus grandes encore. Ainsi on a retrouvé en Australie et dans l'île de Madagascar, des ossements et des œufs fossiles d'espèces colossales, que l'on a nommées *Diornis* et *Epiornis*, et qui devaient avoir de 6 à 7 mètres de hauteur. La grosseur d'un de ces œufs, comparé à ceux des oiseaux vivant à notre époque, donne à elle seule une idée de la taille gigantesque de l'oiseau qui l'a produit. « Cet œuf, dit un savant, .est six fois plus volumineux que celui de l'autruche, et il faudrait douze mille œufs d'oiseau-mouche pour le remplir. » (Pouchet.)

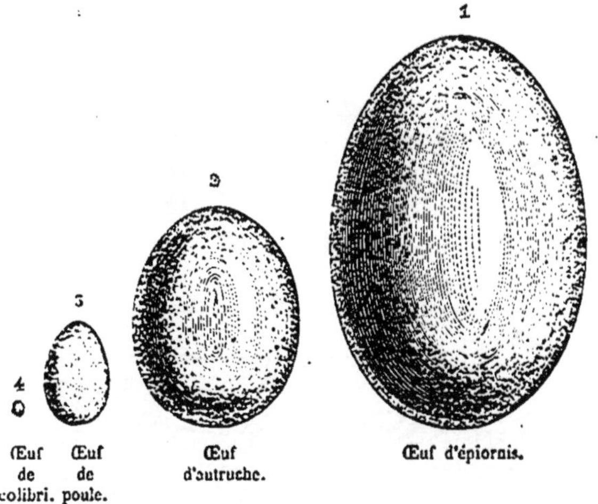

Grosseur comparative de quelques œufs.

L'autruche atteint environ 2 mètres de hauteur. Quant à sa forme..., comment vous en donner une idée ? Tenez, allez me chercher un charbon, et là, sur ce grand mur blanc, je vais vous faire un croquis.

— Oui, oui, dirent les enfants, un croquis! un dessin de l'autruche!

Linette battait des mains.

— Voyons, reprit la mère quand elle eut entre les mains le fusain de circonstance, commençons par la tête.

L'autruche.

L'autruche a la tête toute petite proportionnellement au reste du corps. Elle a le bec aplati à peu près comme celui de l'oie; mais, contrairement aux autres oiseaux, elle a les yeux dirigés en avant, et ses oreilles sont apparentes. Puis, voyez : son cou est démesurément long..... à peine recouvert d'un rare duvet frisé, blanc ou gris. Et maintenant voici le corps..... Il n'est pas très gros proportionnellement à la hauteur ; cependant c'est lui qui fournit à peu près tout le poids de l'animal. Et une autruche pèse de 30 à 40 kilogrammes.

Les enfants étaient rangés en face du mur : Linette et Albert se tenaient l'un près de l'autre, les bras au dos, et levaient leurs petites têtes blondes.

— Et les ailes, mère ? Fais-lui de grandes ailes ! disait l'incorrigible Linette.

La mère, pour se conformer au désir de l'enfant, indiqua des ailes, mais elle les fit toutes petites.

— Nous y reviendrons, dit-elle ; pour le moment occupons-nous des jambes... Les voilà !... Ici, un pied ; il n'a que deux doigts dirigés en avant, un plus long avec un ongle, et un plus court qui n'a pas d'ongle ; — autant à l'autre jambe ; là !

— Quelles perches que ces jambes-là ! dit Léon. Ce n'est pas pour te critiquer, mère, mais ton oiseau a l'air d'être monté sur des échasses !

— Tu trouves ? Alors c'est que le portrait est ressemblant. Telles sont en effet les jambes des autruches ; les savants l'ont remarqué comme toi ; et ils ont fait de ces oiseaux, ainsi que d'un certain nombre d'autres espèces *montées* de la même façon, telles que les cigognes, les grues, les hérons, l'ordre des *Échassiers*.

Quant aux ailes, mes chers amis, voilà tout ce

que l'autruche peut vous offrir : une épaisse touffe de magnifiques plumes, soyeuses et frisées, qui flottent au souffle du vent. La queue est composée de plumes semblables. Et il doit vous être facile de comprendre que ces plumes, toutes riches et belles qu'elles soient, sont absolument impropres au vol ; elles n'ont ni la forme, ni la résistance nécessaires pour fendre l'air. Ces ailes imparfaites de l'animal ne sont alors qu'un trait de famille, un ornement, et un moyen de défense. En effet, les ailes de l'autruche sont armées de pointes cornées, assez semblables à celles des porcs-épics et des hérissons. Quand l'autruche est attaquée par quelque animal carnassier, elle donne de violents coups d'aile, et force son agresseur à lâcher prise.

Et tout en parlant des ailes, la mère achevait de les esquisser.

— C'est fini ! dit Albert avec un petit accent désolé ; on voit bien qu'il n'y a pas moyen de voler avec ces ailes-là.

— Mais avec ces jambes-là on doit pouvoir courir ! observa Brigitte.

— Aussi l'autruche court-elle avec une extrême rapidité, répondit la mère. Quand elle fuit le danger, en tenant ses ailes à demi-étendues, elle défie les chasseurs montés sur les chevaux les plus agiles.

A l'état sauvage, ces animaux vivent par troupes dans les grandes plaines sablonneuses, et jusque dans les déserts. On en trouve en Arabie, dans l'Inde, mais surtout en Afrique. Quand on voit au loin une troupe d'autruches courir en soulevant autour d'elles le sable du désert, on croirait voir un escadron de cavaliers galoper dans des tourbillons de poussière.

Les autruches sont timides, il est très difficile de les approcher. Cependant on parvient à s'en emparer malgré toute leur vitesse, grâce à la maladresse qu'elles font de décrire de grands cercles dans leur fuite, et de revenir par conséquent plusieurs fois au même point. Les cavaliers qui leur donnent la chasse savent qu'elles commettent cette faute ; ils se placent en conséquence, et se relayent les uns les autres pour les poursuivre. Malgré cela, ce n'est qu'après huit ou dix heures d'une course effrénée, que le pauvre animal, exténué de fatigue, se couche à terre et se laisse prendre sans résistance.

— Qu'en fait-on alors ?

— Les habitants du sud de l'Afrique les réduisent en domesticité. Ils en ont des troupeaux considérables qu'ils font *paître* dans la plaine. Je dis paître, parce que ces oiseaux se nourrissent principalement d'herbe et de fruits sauvages.

Les autruches sont extrêmement voraces. Si elles se jettent sur un champ de blé ou d'orge, elles le mettent au pillage ; tous les épis sont *étêtés* en un instant. Aussi faut-il les surveiller activement pour les écarter des plantations. Tout leur est bon, substances végétales et animales, peu leur importe. Elles engloutissent leur nourriture sans la broyer, elles avalent jusqu'à des cailloux ! Ce n'est pas pour s'en nourrir comme bien vous pensez, mais ces cailloux servent à broyer les aliments dans leur estomac, comme je vous l'ai expliqué pour le coq et la poule. Ce trait, et plusieurs

autres, rapprochent les autruches des gallinacés ;
en sorte qu'on peut dire qu'elles forment la transi-
tion entre l'ordre des gallinacés et l'ordre des échassiers.

Les autruches se familiarisent promptement avec
l'homme. Une fois apprivoisées, elles ne cherchent pas
à s'échapper. On ne peut pas dire cependant qu'elles
soient complétement domestiquées, car il leur reste
toujours une certaine obstination, une sorte d'indo-
cilité qui tient à leur peu d'intelligence. Bien des
fois on a tenté de tirer parti de leur force et de leur
vitesse. Une autruche peut porter sur son dos, sans
fatigue, un enfant et même un homme. Eh bien,
il est presque impossible de les diriger où l'on
veut.

— Quel dommage ! s'écria Albert, ce serait si
joli d'aller *à cheval* sur un oiseau !

— Surtout, dit Brigitte, si cet oiseau pouvait
voler !...

— Tu ne nous as pas dit, mère, de quelle utilité
peut être l'autruche, pour justifier les peines qu'on
se donne pour la chasser et la nourrir ?

— D'abord, mes chers enfants, les belles plumes
des ailes et de la queue de l'autruche sont des objets
de commerce d'un grand prix ; ces plumes sont em-
ployées pour l'ornement des coiffures de femmes, des
chapeaux de général, pour les panaches des dais et
des chevaux de parade. On fait aussi des tapis avec
la peau entière de l'autruche garnie de ses plumes.
Puis il y a ses œufs...

— Est-ce qu'on mange les œufs d'autruche !

— Oui certainement, tout aussi bien que ceux des poules et des canes. C'est un mets excellent ; sans compter qu'un seul de ces œufs équivaut à vingt œufs de poule !

— C'est donc bien gros ?

— Ils sont gros en proportion de l'animal. Un œuf d'autruche a environ 15 centimètres de longueur dans son plus grand diamètre, et pèse environ 1500 grammes, ou 1 kilogramme et demi. Comme la coquille est assez épaisse, on en fait des coupes sculptées, et d'autres objets qui ont l'apparence de l'ivoire.

L'autruche couve à la fois de quinze à trente œufs !

— Quel nid il lui faut ! dit Léon. Est-ce que c'est dans les arbres qu'elle niche ?

— Je devrais te faire donner un gage, dit la mère en riant. Réfléchis donc un peu, tu comprendras que puisque l'autruche ne vole pas...

— Ah ! c'est vrai, c'est vrai !

— L'autruche creuse son nid dans le sable. C'est une sorte d'excavation circulaire.... comme ceci, dit la mère en traçant un rond sur le sable de l'allée ; puis elle fait autour de ce nid une rigole, une sorte de fossé pour arrêter la pluie, et l'empêcher de pénétrer dans le nid.

On a dit quelquefois, mes chers enfants, que l'autruche est une mauvaise mère, et qu'elle abandonne ses œufs pour ne pas se donner la peine de les couver ; c'est une calomnie. L'autruche, au contraire, couve ses œufs pendant six semaines avec la même persévérance que nos meilleures poules.

Mais quand, vers le milieu du jour, les rayons du soleil, dans ces climats brûlants, échauffent fortement le sable..., l'autruche en profite pour aller chercher sa nourriture aux environs du nid, sans pour cela le perdre de vue, et sans cesser d'y veiller. Son instinct lui révèle que la chaleur du jour suffit alors pour maintenir celle des œufs; elle y revient dès que cette chaleur diminue.

— C'est donc la chaleur qui fait éclore les œufs? demanda Marie.

— Oui, sans doute ! N'est-ce pas pour cela que les oiseaux les couvent sous leurs ailes ?

— Mais alors, dit Léon, ne pourrait-on pas faire éclore les œufs des oiseaux en les tenant bien chauds pendant le temps nécessaire ?

— Certainement; et cela se fait. En Égypte par exemple, et dans plusieurs autres pays, en France même, on a recours à ce moyen qu'on nomme l'*incubation artificielle*. On construit une sorte de four à étages et compartiments, dans lesquels on dispose les œufs, et l'on y entretient une douce chaleur pendant un temps égal à celui de l'*incubation* naturelle. Alors, quand l'opération a été bien conduite, et le feu maintenu bien égal, les petits oiseaux ou poulets éclosent, absolument comme s'ils eussent été couvés par leur mère. On en fait ainsi éclore plus d'un millier en même temps. Mais l'élevage de ces pauvres petits orphelins est toujours difficile. Tous les moyens que nous pouvons imaginer ne valent jamais les soins et l'aile de la couveuse. C'est là, mes chers enfants, une nouvelle preuve de ce que je vous ai dit

bien des fois. Ce qui convient le mieux à chaque
être, c'est ce que Dieu lui a préparé. Pour des enfants,
rien ne peut suppléer les soins et la sollicitude d'une
mère !

Et maintenant, mes chéris, voici le tard. Au nid,
petits oiseaux... sans ailes !

La mère et les enfants rentrèrent chez eux ; et il
me faut, chers lecteurs, vous quitter à mon tour.
Mais pour que vous ne soyez pas exposés à vous ruiner
en gages, si jamais vous jouez au beau jeu de *pigeon*

Pied de casoar (trois doigts).

vole, j'ajouterai ici qu'il est d'autres espèces d'oiseaux, cousins germains de l'autruche, qui sont
comme elle privés de la faculté de voler, et qui ont
trois doigts à chaque pied. Ainsi le *Nandou*, petite
espèce d'autruche habitant l'Amérique méridionale ;
l'*Aptérix*, presque complétement dépourvu d'ailes ;
et le *Casoar*, presque aussi gros, mais moins haut
sur pieds que l'autruche. Ces deux derniers habitent les îles de l'Océanie.

Il en est d'autres encore qui ne peuvent voler,

mais tout différents, comme les pingouins, les manchots, qui...

Mais pardon, les enfants sont couchés : les voilà qui appellent leur mère pour lui donner le baiser du soir... Il est temps de dormir.

A demain !

Questionnaire

A quel ordre d'oiseaux appartient l'autruche ?
Que rappelle ce mot *échassiers ?*
L'autruche n'a-t-elle pas un trait de ressemblance avec les gallinacés ?
Quelle est la hauteur de l'autruche ?
Y a-t-il, ou y a-t-il eu des oiseaux plus grands que l'autruche
Ses jambes sont-elles dépourvues de plumes ?
Combien ses pieds ont-ils de doigts ?
Quelle est la forme du cou de l'autruche ?
De sa tète ?
De son bec ?
Comment sont dirigés ses yeux ?
L'autruche a-t-elle les oreilles cachées sous les plume comme les autres oiseaux, ou les a-t-elles visibles ?
Quelle est la grosseur et le poids ordinaires du corp de l'autruche ?
Comment sont disposées les plumes des ailes et de la queue de l'autruche ?
L'autruche peut-elle voler ?
Court-elle rapidement ?
A quoi lui servent ses ailes ?
En quel pays vivent les autruches ?
Vont-elles par troupes ?
Comment font-elles leur nid ?
Combien y déposent-elles d'œufs ?
Quelle est la grosseur des œufs ?
Quelle est la dimension du nid et sa forme ?
Pourquoi l'autruche fait-elle une rigole à l'entour ?

L'autruche reste-t-elle constamment sur ses œufs?

Pourquoi peut-elle les quitter à certains moments?

De quoi se nourrissent les autruches?

Sont-elles voraces?

Avalent-elles de petits cailloux?

Pourquoi?

De quel ordre d'animaux ce trait les rapproche-t-il?

Chasse-t-on l'autruche?

Comment?

Pourquoi?

Quelle est l'utilité de cet animal réduit en domesticité?

Que fait-on de ses plumes?

De ses œufs?

De leur coquille?

Comment nourrit-on les autruches domestiques?

Leur voracité est-elle à craindre pour les récoltes?

Une autruche est-elle assez forte pour porter un homme?

A-t-on cherché à utiliser la force et la rapidité de l'autruche?

Pourquoi a-t-on renoncé à se servir de l'autruche comme monture?

Puisque l'autruche peut cesser de couver ses œufs tandis que le soleil les échauffe, n'est-ce pas la chaleur qui les fait éclore?

Ne peut-on pas faire éclore de même les œufs de poule, par exemple, par une chaleur *artificielle?*.

Comment s'y prend-on?

Après l'éclosion des œufs, l'élevage du poussin est-il facile?

Ces moyens artificiels valent-ils les moyens naturels?

Peut-on remplacer, pour un petit animal, les soins et l'instinct de sa mère?

Citez d'autres oiseaux qui ne peuvent voler: d'abord ceux qui ressemblent à l'autruche.

Qu'est-ce que le *Nandou?*

Où habite-t-il?

En quoi diffère-t-il de l'autruche d'Afrique?

Qu'est-ce qui distingue l'*Aptérix?*

Quelles sont la forme et la taille du *Casoar?*

Où vivent ces deux espèces d'oiseaux?

LE HÉRON

M. et Mme Dupont habitent la petite ville de
Châteauneuf en Bretagne. Ils ont trois charmants
enfants, Rosine l'aînée qui a quatorze ans, un
petit garçon de sept ans, et une petite fille qui en
aura bientôt six.

L'année dernière, Mme Dupont était partie depuis un mois. Elle était allée auprès de sa mère
tombée gravement malade ; et ses enfants, accou-
tumés à ses caresses, étaient tout attristés par son
absence.

Pourtant la sœur aînée, Rosine, la remplaçait de
son mieux. Pleine de tendresse pour son jeune frère
et sa jeune sœur, elle était devenue pour eux une
véritable petite maman.

C'était elle qui les levait, les couchait, les faisait
prier, et leur donnait tous les soins d'une mère
tendre et vigilante. Puis, dans la journée, elle les
faisait lire, écrire ; et leur apprenait, en les leur
répétant d'une manière appropriée à leur âge, les
bonnes leçons qu'elle recevait elle-même de leur
père, qui est un homme instruit et intelligent.

Pourtant, quand Rosine avait amusé et soigné tout le jour ces chers enfants, qu'elle avait joué avec eux sur les gazons du parc, puis qu'elle les avait ramenés le soir dans la grande maison si tranquille, et qu'enfin elle les avait couchés et endormis, Rosine se trouvait parfois bien seule, presque triste, surtout quand M. Dupont était obligé de sortir pour quelque affaire.

Alors elle allait s'asseoir sur un banc au fond de la grande allée du jardin, car elle n'avait pas peur dans les ténèbres ; et elle réfléchissait ; et elle songeait à sa mère d'abord, puis à mille choses intéressantes.

L'habitation de M. Dupont est adossée à l'ancien château du pays, dont quelques ruines, enserrées sous des lierres épais, restent seules debout, comme le mélancolique témoignage d'une splendeur éteinte.

La situation de cette demeure est délicieuse. Assise et comme greffée sur un large rocher de granit qui lui fournit de solides fondations, elle domine toute la contrée ; si bien que Rosine, de sa place favorite à l'extrémité du jardin, voyait s'étendre jusqu'à perte de vue une plaine immense, verte, et plantée de longues files de peupliers qui la découpent comme un damier, mais où l'on n'aperçoit aucune demeure d'homme, fût-ce une chaumière.

Cette plaine est couverte d'eau l'hiver, et d'herbe l'été. On y récolte du foin, on en extrait de là *tourbe*[1] ; mais on n'y peut conduire paître les trou-

---

1. Combustible formé par l'accumulation de débris de végétaux qui se sont transformés sous terre.

peaux qu'en de rares endroits, car tout le sol en est mouvant, et tremble sous les pas. On appelle cette grande étendue *la Bruyère*, quoiqu'il n'y pousse pas un brin de cette jolie plante ; mais seulement, comme je vous l'ai dit, de l'herbe, des peupliers et des saules, des joncs hauts de plus d'un mètre ; et des roseaux, du *roz*, comme disent les paysans des environs, qui viennent le récolter pour en couvrir leurs chaumières.

Quelquefois, pendant que Rosine était au fond de la grande allée, et que les étoiles brillaient au-dessus de cette vaste solitude de verdure, elle avait entendu une sorte de mugissement sourd et lointain, qui semblait venir du côté de la Bruyère, ou pour mieux dire, des marais, et interrompait d'une manière lugubre le silence du soir.

Elle avait demandé aux paysans d'où venait cette voix étrange, et tous lui avaient répondu avec un air mystérieux :

— C'est le Bugle de la mare Saint-Coulman.

— Qu'est-ce que le Bugle de la mare Saint-Coulman ? avait-elle demandé...

Alors on lui avait raconté de longues légendes, où il était question de beaux et riches villages qui s'élevaient autrefois au milieu de champs fertiles, là où dorment aujourd'hui les tourbières fangeuses ; et de magnifiques forêts, maintenant transformées en ces vastes marécages où croissent les joncs et les roseaux. Puis ils avaient dit encore que ces beaux villages, ces champs fertiles, ces forêts séculaires, avaient été engloutis en une seule nuit, pour la pu-

nition des habitants, et qu'un lac immense s'était
alors étendu par-dessus les maisons, les clochers, et
la cime des plus hauts arbres.

— Et la mare Saint-Coulman, ajoutaient-ils, et
les tristes *Rosières*[1] du fond desquelles s'élèvent,
chaque soir, les mugissements du *Bugle*, sont les
restes du grand lac qui s'est desséché à son tour.

Rosine ne pouvait croire à ces récits, colportés de
veillée en veillée avec toutes les amplifications que
la superstition et l'ignorance pouvaient y ajouter.
Et pourtant, quand le soir elle entendait au loin
retentir les accents du *Bugle*, de cet animal fantas-
tique dont aucun paysan n'avait pu lui dire la couleur ou la forme, tout ce qui lui avait été raconté
lui revenait à l'esprit, et les images les plus bizarres
flottaient dans sa jeune imagination.

Elle songeait à ces forêts souterraines, à ces villages que l'on prétendait avoir disparu pendant les
ténèbres de la nuit. Et la veille des fêtes elle prêtait
l'oreille pour savoir si, comme le disaient les paysans,
on n'entendait pas résonner sous terre les cloches
des villages engloutis.

Et elle se sentait involontairement troublée lorsque, en passant devant l'angle du jardin, elle voyait
dressé contre le mur un grand arbre noir, tortueux,
que les paysans disaient avoir été retiré tout entier
des tourbières du marais.

— C'était, disaient-ils, un des arbres morts de la
forêt souterraine!

1. *Rosières*, endroits où croissent les roseaux.

Et malgré elle, Rosine se disait tout bas :

— Pourtant, si c'était vrai?...

Un soir que les enfants dormaient, son père rentra, et vint s'asseoir près d'elle sur le banc du jardin. L'air était pur et tranquille, le son portait à une grande distance; les mugissements, du côté de la mare, s'entendaient par intervalles.

Rosine, qui avait craint jusque-là de parler à son père de ses perplexités, de peur de le faire rire, finit par où elle aurait dû commencer : elle l'interrogea comme elle avait interrogé les paysans, et à sa grande surprise, son père lui répondit comme eux :

— C'est le *Bugle* de la mare Saint-Coulman.

Rosine était habituée à ne prêter qu'une croyance très restreinte aux contes des ignorants; mais dans la bouche de son père si instruit, si sérieux, cette réponse la fit tressaillir. Elle craignait en lui parlant seulement de cette explication, de lui paraître crédule, et voilà qu'il semblait confirmer lui-même la croyance populaire...

— Comment! s'écria Rosine, c'est donc vrai tout cela?

— Quoi, *tout cela?* répliqua M. Dupont; les légendes de la mare?

— Oui, mon père, je voudrais savoir si c'est vrai.

— Écoute, dit M. Dupont, je vais te raconter l'histoire véritable, dégagée de toute superstition.

Sur cet immense espace que tu vois, qu'on appelle à tort *la Bruyère*, et qui a plus de huit lieues d'étendue, il existait en effet, il y a des siècles, une grande forêt nommée la forêt de Scissy[1]. Elle occupait non-seulement tout ce pays, mais une bien plus vaste étendue, recouverte maintenant par la grande mer et les grèves, jusqu'au delà même du mont Saint-Michel que nous voyons d'ici, debout au milieu des sables mouvants, et qui n'était alors qu'un simple hameau bâti sur un rocher.

Il y a plus de *mille* ans[2], le sol de cette vaste étendue de terre s'effondra, et disparut comme dans un gouffre.

La mer s'y précipita aussitôt...... et ses vagues déchaînées, submergeant forêts et villages, vinrent déferler jusqu'au pied de la colline où nous voici, et que dominait alors le château féodal dont ces ruines sont les derniers vestiges.

Nul habitant ne resta pour dire au juste de quelle manière s'accomplit ce terrible événement. Peut-être fut-ce le sol qui s'enfonça, se déprima lentement, laissant la mer gagner jour par jour? La tradition légendaire prétend que ce furent, au contraire, les flots qui une nuit, pendant une effroyable tempête, s'élevèrent en tourbillonnant au-dessus de son niveau, et se précipitèrent sur ce pays, en engloutissant tout ce qui se trouvait à sa surface.

Peu à peu, la mer se retira, mais après avoir tout détruit, laissant à la place des campagnes fertiles qu'elle avait submergées ces tristes marécages, où le sol mal affermi ne peut supporter ni

1. Sicy ou Scessiac (Deric).
2. Vers l'an 709.

constructions solides, ni plantations profondes, et où
restent çà et là, aux endroits les plus creux, de grandes
flaques d'eau, comme la mare Saint-Coulman.

Si peu que vaillent ces marais, encore a-t-il fallu
les entourer de fortes digues pour empêcher la mer
d'y revenir aux grandes marées. Mais malgré tous
les efforts des hommes, cette mer terrible est
restée maîtresse d'une grande partie du pays qu'elle
avait envahi ; et deux fois par jour ses flots passent
et repassent au-dessus de la cime des arbres qu'elle
a ensevelis dans les sables profonds.

Le reste de la forêt morte est là, sous les roseaux
de la *Bruyère*, et sous les eaux noirâtres des mares
au fond de tourbe. Dans toute l'étendue de ce vaste
marais, il suffit de creuser à quelques mètres de
profondeur pour déterrer des chênes comme celui
que tu vois dans l'angle du jardin, parfaitement
conservés avec leurs racines, leurs branches, et
même leurs glands... Seulement, leur bois est
devenu noir comme de l'ébène, et dur comme du
fer. C'est ce que nous appelons du *coësron*, mot qui
signifie dans la vieille langue de nos ancêtres : du
bois fossile[1].

Quant aux circonstances merveilleuses dont nos
paysans accompagnent le récit de cet événement,
déjà bien assez prodigieux par lui-même, à ces bruits
qu'ils croient entendre le soir, et qu'ils disent venir
des villages engloutis ; tu as trop de bon sens, j'espère, pour y ajouter foi.

---

1. *Coët*, bois forestier ; *ron*, renversé. (L'abbé Manet.)

— Et l'animal? demanda Rosine.

— Ah! le *Bugle*?... c'est tout simplement un de ces oiseaux qui, comme la grue, la cigogne, fréquentent les marécages où ils trouvent leur nourriture. Le *bugle* appartient à la famille des *hérons*.

— Comment! c'est un oiseau qui fait entendre ce mugissement? demanda la jeune fille étonnée.

— Oui, c'est un oiseau de l'espèce appelée *Butor*, qui, comme toutes les espèces de hérons, est triste, solitaire, et habite les marécages.

— Dis-moi, mon père, quelle est la forme de ces oiseaux, quels sont leurs habitudes et leur genre de vie?

— Les hérons, mon enfant, se plaisent au bord des eaux, mais ils ne nagent pas; leurs pieds ne sont pas *palmés* comme ceux des canards; ils ont, au contraire, les doigts excessivement déliés. Leurs jambes, qui sont très longues, les ont fait ranger parmi les *échassiers*, et leur permettent de s'avancer dans les eaux peu profondes, où ils chassent leur proie à l'affût.

Tout le jour, ils se tiennent immobiles au bord de l'eau, debout sur une de leurs pattes, et l'autre repliée sous l'aile. Ou bien, si la chaleur se fait trop vivement sentir, ils se mettent à l'abri entre les roseaux. Et si une grenouille, une couleuvre vient à passer à leur portée, ils allongent leur long cou, et la saisissent avec leur bec robuste.

Le soir, leur humeur change; ils deviennent remuants, agités. Ils se promènent le long des rives, et cherchent leur proie au lieu de l'attendre.

Ils fouillent avec leur bec sous les racines des roseaux, pour y saisir ce qui peut s'y trouver de leur goût : de petits poissons, des anguilles. La nuit seulement ils prennent leur vol, et s'élèvent à une grande hauteur.

Quand le ciel est serein et l'air transparent, on peut les voir passer dans l'espace en poussant des cris plaintifs; ce qui a encore donné lieu à plus d'une légende superstitieuse.

— Comment un gros oiseau peut-il voler si haut ? demanda Rosine.

— Le héron le peut, grâce à ses

Le héron des marécages.

ailes qui sont grandes et puissantes relativement
à la grosseur de son corps : car cet oiseau a le corps
petit et d'une maigreur extrême ; de sorte qu'on ne
peut pas dire que ce soit un *gros* oiseau, quoiqu'il
ait près d'un mètre de hauteur, en comptant la
longueur des jambes et du cou.

Il y a plusieurs espèces de hérons. Ils portent généralement une sorte de huppe, formée de plumes
dirigées en arrière, ce qui leur fait un ornement
assez joli.

Le grand héron gris, et le héron blanc, sont communs dans nos marais ; mais ceux-ci n'ont qu'un cri
rauque qui rappelle celui du paon.

Le *Butor*, dont nous entendons le soir la voix
lugubre, est une espèce plus petite, plus épaisse,
plus fournie de plumes que le héron proprement
dit. Son plumage est brun, semé de petites taches
noires.

Nos paysans l'appellent le *bugle*, à cause de son
cri assez semblable au beuglement des animaux des
champs. Mais c'est tout ce qu'ils connaissent de cet
animal, le plus triste et le plus sauvage de la famille
des hérons. Le butor fait son nid dans les roseaux,
tandis que les autres hérons font le leur dans les
arbres qui s'élèvent au bord des marécages. On en
trouve quelquefois des compagnies réfugiées au
fond des solitudes. C'est ce qu'on appelle une héronnière.

Les hérons n'habitent pourtant pas exclusivement
les marais ; on en trouve parfois dans les lieux sauvages, au bord des ruisseaux, ou encore sur les
grèves désertes. Quand la mer se retire, ils suivent

le flot pour se nourrir des petits poissons qui restent
échoués sur le sable.

Les hérons sont quelquefois attaqués par les ra-

Le héron cendré et le héron garzette.

paces ; mais ils savent parfaitement se défendre, et
sans se donner aucune peine. Au moment où l'ennemi fond sur eux, ils se contentent de lui présenter

leur bec pointu, et l'oiseau de proie s'enferre lui-
même sur cette arme redoutable.

Tous ces oiseaux, fort communs autrefois, disparaissent à mesure qu'on dessèche les marécages et
qu'on exploite les tourbières. Et si, comme il faut le
désirer et l'espérer pour le bien du pays, le dessé-
chement de la *Bruyère* peut s'effectuer un jour, on
cessera d'entendre, chaque soir, mugir le *Bugle* de
la mare Saint-Coulman.

M. Dupont cessa de parler, et il se fit un instant
de silence. Mais bientôt la voix des butors se fit entendre dans le lointain, et leur mugissement sembla
à Rosine plus profond et plus triste encore qu'aupa-
ravant.

— Tout cela est bien extraordinaire, reprit-elle
en se levant, et comme ramenée malgré elle aux récits fantastiques de la forêt engloutie. Et dire que
de tels événements se sont passés si près de nous,
sous nos pieds ?...

— Oui, répondit son père, c'est extraordinaire, et
cependant, cela est vrai. Ce n'est même pas un fait
unique, tant s'en faut ; il y a dans l'histoire de la terre
beaucoup d'événements tout à fait semblables, et
beaucoup d'autres encore plus merveilleux. Je te les
raconterai un jour.

Certes, ma chère enfant, les imaginations
qui aiment le merveilleux n'ont pas besoin d'en
aller chercher dans les légendes et les contes faits
à plaisir. La nature en est remplie. Tout est
merveilles dans l'œuvre divine ; et la plus poé-
tique des sciences est celle qui nous enseigne à

la connaître, et, par cette étude, à nous élever vers
son Auteur !

Butor ou bugle.

La nuit était devenue tout à fait noire, il était
l'heure de rentrer.

En passant près des ruines du vieux château pour retourner à leur paisible demeure, le père et la fille effrayèrent un oiseau de nuit qui, descendu des touffes de lierre où il avait sans doute son nid, cherchait sa vie sous les buissons devenus sombres. Cet oiseau poussa un cri, et s'envola vers les ruines. . Rosine tressaillit involontairement, et se rapprocha de son père.

— La plus grande des merveilles, poursuivit alors M. Dupont, c'est celle que semblent vouloir rappeler à notre esprit ces deux oiseaux : le *butor* et le *chat-huant*, se répondant l'un à l'autre, au milieu des ténèbres.

L'un en bas, dans le vaste marais sous lequel gisent les ruines d'une végétation disparue; l'autre en haut, dans le lierre et la mousse sous lesquels gisent les ruines d'une domination aujourd'hui évanouie !..... Et sur ces débris, de nouvelles végétations et de nouvelles puissances se sont succédé depuis des siècles, comme se suivent les anneaux d'une chaîne sans fin !...

Ainsi dans la nature chaque chose commence et finit à son tour, sans que rien se brise dans l'ensemble, parce que le Créateur de l'univers est immuable, et qu'il gouverne éternellement son œuvre !

Héronnière dans les marécages.

Questionnaire

Rappelez par quel trait le *héron* appartient à l'ordre des échassiers.

Quelle est la grandeur de cet animal?

Quelle est la forme de ses pieds?

Sont-ils palmés?

Ont-ils de longs doigts?

Quelle est la forme de son cou?

De son bec?

En quels lieux vit le héron?

De quoi fait-il sa nourriture?

A quel moment de la journée les hérons prennent-ils leur vol?

Comment font-ils la chasse aux petits animaux dont ils se nourrissent?

Qu'est-ce que le *butor?*

En quoi diffère-t-il du héron proprement dit?

Est-il encore plus sauvage?

Qu'est-ce que le butor a de remarquable?

Le héron a-t-il aussi une voix mugissante?

Quand le butor fait-il entendre sa voix?

Pourquoi les paysans nomment-il cet animal le *bugle?*

Le héron a-t-il une aigrette de plumes?

Quelles sont la forme et la position de cette aigrette?

Quelles sont les couleurs ordinaires du héron?

Celles du butor?

Les hérons quittent-ils quelquefois les marais pour pêcher sur les rivages de la mer?

Citez quelques autres oiseaux de marais.

Le héron, le butor, volent-ils rapidement et longtemps?

Ces oiseaux étaient-ils autrefois plus communs qu'ils ne le sont maintenant (du moins dans nos pays)?

Qu'y avait-il autrefois dans cet endroit de la Bretagne où sont maintenant les marais, les grèves, et la mer, qui entourent le mont Saint-Michel?

Comment reconnaît-on qu'une forêt couvrait autrefois cette immense étendue de terre?

Qu'est-il arrivé il y a mille ans, dans ce pays?

Que sont devenus les arbres de la forêt?

Qu'est-ce que c'est que du *coësron* ou bois fossile?

Quelle est sa couleur?

Sa dureté?

Comment pense-t-on que la mer ait submergé la forêt de Scissy?

Ce fait est-il unique en son genre?

Y a-t-il d'autres pays qui se soient affaissés?

La forme des continents n'a donc pas toujours été celle que nous leur voyons maintenant?

LE CYGNE

(LA POÉSIE VIVANTE)

———

Quelques jours après la soirée que je viens de vous raconter, mes petits amis. la maman revint dans sa chère maison, où tant de cœurs soupiraient après elle. Sa vieille mère était rétablie, et nulle ombre n'obscurcissait le bonheur de la réunion. Si les enfants, et surtout Rosine, furent particulièrement heureux, je vous le laisse à penser ! Bientôt toutes les habitudes furent reprises, et aussi les bonnes promenades. Parfois, la mère et les enfants erraient au hasard sur la *Bruyère*, cueillant des joncs pour fabriquer des *bonnets pointus*, ou dansant et sautant de toutes leurs forces, pour sentir cette terre mouvante trembler et rebondir sous leurs petits pieds d'enfants.

D'autres fois, ils allaient dans les champs, et s'asseyaient à l'abri d'un buisson d'ajonc en fleur, ou bien au pied d'un moulin à vent, dont les ailes en tournant sous le soleil faisaient courir de grandes ombres sur la terre.

Et alors, pendant que les deux plus jeunes cherchaient des marguerites dans l'herbe, ou de beaux cristaux de quartz polis et brillants au fond de leur géode, la mère racontait à sa fille aînée mille choses charmantes que je ne saurais vous dire aujourd'hui, parce qu'on ne peut jamais tout dire à la fois.

Un jour, l'air était pur et la journée chaude. Ils étaient allés tous les quatre se promener sous une double rangée de grands arbres qui bordaient un étang, et le séparaient d'une vaste prairie où brillaient mille fleurettes plus jolies les unes que les autres. Des multitudes de papillons, plus avisés que beaucoup de jardiniers, trouvaient ces fleurs charmantes, et leur faisaient fête de toutes les façons. Les papillons jouaient aussi, eux qu'un poëte a appelés des fleurs ailées! C'étaient des voltiges, des joûtes, des poursuites à n'en plus finir; sans compter les *Demoiselles*[1], qui, attirées par le voisinage des eaux, se mettaient de la partie, en traversant de leur vol étourdi et saccadé les jeux des papillons, qui en prenaient la fuite !

Cette prairie était l'endroit favori des enfants. Ils s'y livraient à des jeux charmants : toujours les mêmes ; mais ils ne s'en lassaient jamais. Tantôt c'étaient des feuilles jaunies, tombées des grands arbres, qu'ils lançaient à l'eau pour les voir flotter comme autant de petites barques fragiles ; tantôt c'étaient de petits cailloux qu'ils jetaient dans l'étang pour faire des *ronds*... Vous savez ces jolis ronds

1. Dont le vrai nom est *Libellules*.

qui, tout petits d'abord, vont grandissant... et s'effa-
çant à mesure qu'ils grandissent !...

Mais ce qui attirait surtout les enfants et Rosine
vers l'étang, ce n'était pas encore tout cela, ni les
grandes herbes qui balançaient sous le vent leurs
panaches dorés, ni les fleurs des nénuphars épa-
nouies à la surface de l'eau tranquille : c'étaient
deux beaux cygnes blancs comme la neige, et gracieux !... comme quoi vous dirai-je ? Gracieux
comme des cygnes, c'est-à-dire comme ce qu'il y a
de plus gracieux parmi les animaux.

Dès que ces magnifiques oiseaux apercevaient
leurs petits amis, ils nageaient vers eux, et les enfants, de leur côté, leur épargnaient la moitié du
chemin en courant à leur rencontre.

« Venez, venez par ici, » disaient-ils en jetant aux
cygnes de petites bouchées de pain, et marchant
toujours en avant pour se faire suivre par le couple
ailé, qui nageait le long de la rive. Puis, — à faire
trop de libéralités on se ruine, — quand les enfants
n'avaient plus de pain, ils jetaient des feuilles rou-
lées, ou de petits morceaux d'écorce enlevés avec les
ongles au tronc des vieux saules. Mais les cygnes
ne se laissaient pas prendre à ce piége ; ils regar-
daient l'objet avec défiance, secouaient la tête d'un
air dédaigneux, et s'en retournaient vers le milieu
de l'étang.

— Les beaux oiseaux ! dit un jour Rosine à sa
mère. Vois donc comme ils sont élégants, avec leur
cou flexible ! Comme ils font bon effet sous ces frais
ombrages et sur ces eaux transparentes !

— On dirait en effet, répondit la mère, que les cygnes sont destinés à faire l'ornement de nos demeures ; ils s'apprivoisent facilement, et deviennent, comme tu le vois, très familiers.

Les beaux cygnes blancs du château.

— Est-ce qu'ils vivent ainsi toujours par couples isolés ?

— Non, mon enfant ; les cygnes ont des instincts

sociables. Même à l'état sauvage ils vivent plusieurs ensemble, et voyagent en troupes, serrés les uns contre les autres, car les cygnes sont des oiseaux voyageurs. On a remarqué que les animaux qui font société entre eux sont plus faciles à apprivoiser, et cela se comprend aisément. Tandis que ceux qui vivent isolés ne s'apprivoisent pas. Le héron, par exemple, est fait pour les solitudes profondes. Il a un cri sauvage qui retentit d'une manière lugubre. Lorsque tu l'entends le soir, m'as-tu dit, tu te figures des lieux déserts, mornes... qui ont pourtant aussi leur beauté. Le cygne, au contraire, vogue sous nos regards qu'il semble chercher, pur et silencieux comme l'étang qui le reflète dans ses eaux tranquilles.

— Tu dis *silencieux*, ma mère, j'ai pourtant entendu parler du *chant du cygne*?

—C'est une fable, chère enfant. Les anciens poëtes, ravis de la beauté de cet oiseau, ne pouvaient se persuader qu'un si bel animal n'eût pas de voix ; ils lui en supposaient une mélodieuse ; mais comme ils ne l'avaient jamais entendue, ils supposaient qu'il ne la faisait entendre qu'au moment de mourir. Et c'est à cause de cette fable qu'on appelle parfois le dernier chef-d'œuvre d'un poëte ou d'un artiste : *le chant du cygne.*

— Alors, dit Rosine un peu désappointée, les cygnes ne chantent réellement jamais?

— Non, pas même une seule fois dans leur longue vie, qui dure, suivant ce qu'on disait encore autrefois, deux ou trois siècles. Cette opinion est peu croyable.

Cependant il paraît certain que les cygnes vivent plus de cent ans. Donc les cygnes ne *chantent* pas, car on ne peut appeler *chant* un cri éclatant, sonore et désagréable, qu'ils font entendre, assez rarement par bonheur.

Il y a sur ce bel oiseau une autre légende, et celle-là me semble très croyable. Les anciens rapportent que les premiers vaisseaux qui ont été construits ont eu pour modèle la forme du cygne. C'était là, n'est-ce pas? de la part des constructeurs, une preuve d'intelligence et de bonne observation. Vois comme cet animal est en effet admirablement fait pour nager : sa poitrine est étroite et arrondie pour mieux fendre l'eau ; son corps présente partout des courbes allongées et fuyantes pour glisser plus facilement à la surface. Il a de fortes pattes, noires comme son bec, et largement *palmées*, c'est-à-dire garnies entre les doigts d'une membrane qui s'appuie contre l'eau, et avec lesquelles il se donne l'impulsion comme avec deux rames puissantes. Eh bien! les navires des anciens avaient exactement la même forme : l'*avant*, ou comme on disait alors, la *proue* du vaisseau, s'élevait gracieusement au-dessus des eaux, en se recourbant comme le cou du cygne[1] ; les *rames*, terminées par de larges palettes, étaient taillées selon le modèle de la nature ; la queue de l'oiseau, mobile comme celle du poisson, est remplacée par le gouvernail fixé à l'arrière. Enfin, c'est peut-

---

1. Voyez encore la forme des vaisseaux normands, au IX⁰ siècle, dans l'*Histoire de France* populaire illustrée de M. Henri Martin.

être en voyant les cygnes glisser sur les fleuves, les ailes à demi étendues et gonflées par la brise, que vint à l'esprit des navigateurs la première idée de la voile.

Navire scandinave du ixe siècle.

Le cygne, comme tous les *palmipèdes* ou animaux dont les pattes sont *palmées*, est fait pour la vie des eaux ; c'est là son élément, là que ses mouvements sont faciles et rapides, là aussi qu'il cherche pour sa nourriture, soit les vermisseaux qu'il saisit en allongeant son grand bec au fond de l'eau, soit les fruits et les racines des plantes qui bordent les étangs. A terre, il est gauche, embarrassé, presque disgracieux ; il marche mal ; aussi n'aborde-t-il que rarement.

Au commencement du printemps, les femelles font leur nid dans les roseaux, y déposent leurs œufs, et les couvent pendant six semaines ; alors les petits éclosent : il y en a cinq ou six. Mais chose qui t'étonnera, toi qui as vu les petits canards à peine éclos courir à l'eau et barboter à qui mieux mieux, les jeunes cygnes ne savent pas nager, il faut que leurs parents fassent leur éducation. Le père et la mère, qui ne se séparent jamais, sont toujours avec leurs petits; ils leur apprennent à nager; et quand les petits se sentent fatigués, la mère les prend sur ses ailes pour les ramener à terre. Les jeunes cygnes ne sont pas beaux, et à les voir près de leurs parents on ne croirait jamais qu'ils sont de la même famille. Leurs premières plumes sont grises et ternes. Plus tard ces plumes tombent, et c'est seulement à l'âge de trois ans qu'ils se revêtent du magnifique plumage que nous admirons.

Il y a une variété de cygne dont les plumes sont noires et les pattes rouges ainsi que le bec. Ce cygne habite l'Australie, mais on peut l'acclimater en Europe. Celui-là est encore plus fort que le cygne blanc, dont la force est telle pourtant que, lorsqu'il est en colère, il peut d'un seul coup d'aile vous briser un membre.

Autrefois les cygnes sauvages étaient communs dans nos pays; il y en avait beaucoup sur nos rivières et nos fleuves; sur la Seine ils étaient nombreux. Ils sont maintenant assez rares en France; mais dans les pays du Nord ils vivent par grandes troupes. Ce sont, comme je te le disais, des oiseaux voyageurs.

Quand le froid les chasse de leur patrie, ils viennent passer la saison d'hiver en Allemagne, et quel-

quefois jusqu'en France; pourtant il est rare qu'ils
s'avancent aussi loin.

Cygnes noirs d'Australie.

Le soleil commençait à s'abaisser vers l'horizon,
et les petites vagues de l'étang scintillaient sous ses
derniers rayons; l'ombre des grands arbres s'allongeait sur la prairie, émaillée de fleurs dont les
frais parfums se confondaient dans une atmosphère
délicieuse. Au loin, les vitres des maisons du village
illuminées par les reflets du couchant, étincelaient
de couleurs ardentes comme des flammes de Ben-
gale. Les cloches sonnaient pour une naissance; tout

le pays présentait à ce moment un aspect heureux, calme, riche, féerique !

Les enfants, las de courir, étaient venus s'asseoir dans l'herbe, près de leur mère et de leur sœur aînée, et poser leurs petites têtes sur les genoux de chacune d'elles. Tout bruit, tout mouvement avait cessé autour de ce groupe charmant; mère et enfants, cédant à l'influence de ce qui les environnait, se turent à leur tour. Les petits fermaient les yeux et semblaient dormir; la mère regardait autour d'elle avec une physionomie attentive et charmée.

— A quoi songes-tu, mère ? demanda Rosine.

— A quoi je songe ? mon enfant, répondit la mère en attirant la jeune fille plus près d'elle; regarde ces beaux arbres, dont l'ombre touffue se promène sur le gazon, et semble vouloir le rafraîchir après la chaleur de la journée. Vois autour de nous ces prairies florissantes et embaumées; à nos pieds le lac tranquille où voguent ces gracieux et splendides oiseaux; puis là-bas, ces lointains bleuâtres; et là-haut ce ciel bleu, où quelques blancs nuages semblent voler comme des plumes légères. Que l'aspect de tout cela est ravissant, salutaire ! Comme cette poésie-là vous pénètre d'impressions douces, de sentiments élevés, religieux !... Comprends-tu, mon enfant, qu'il y a dans la nature une harmonie merveilleuse? Que ce qui en fait la beauté, la *poésie*, c'est cette admirable convenance des choses entre elles? Je voudrais savoir si tu *sens* cette convenance, cette harmonie; si, comme ta mère enfin, tu sens Dieu dans la nature?

— Je crois, répondit Rosine, que tu me le fais
sentir en ce moment ; parle encore, ma mère !...

— Je te l'ai dit bien des fois, le suprême Archi-
tecte de la nature a distribué toutes choses non-
seulement en vue d'elles-mêmes, mais aussi en vue
de l'ensemble. Tous les êtres sont organisés en
raison, non-seulement du genre de vie, mais aussi
du milieu auxquels ils sont destinés. Tout ce que
Dieu a créé : les animaux, les plantes, les pierres
même, ont dans leur forme, dans leur couleur,
dans leurs mœurs (quand il s'agit des animaux),
quelque chose de caractéristique, d'*expressif*, en
rapport avec tout ce qui les entoure. Tu es trop
jeune encore, ajouta la mère, pour avoir remarqué
ces choses-là de toi-même ; mais puisque tu me
comprends, je vais te donner des exemples.

Ainsi les grands sapins, avec leur feuillage vert
sombre, leurs troncs énormes, leurs grosses racines
crochues qui semblent se cramponner dans les
fentes des rochers, ont quelque chose de sombre et
de majestueux comme les hautes montagnes sur le
flanc desquelles ils végètent. Au contraire, les saules
que tu vois au bas de la prairie, avec leurs petites
feuilles mobiles et argentées, ont quelque chose de
doux et de flexible qui convient au courant tranquille des ruisseaux. Ne trouves-tu pas entre ces
arbres et le reste du paysage une certaine ressemblance qu'on ne peut exprimer, mais que l'esprit,
le cœur peut-être, sentent bien pourtant ! Essaye
d'imaginer des saules transportés sur les grands
rochers de la montagne, ou de noirs sapins bordant

le cours des petits ruisseaux... quelque chose te dit que cela n'est pas fait pour aller ensemble. Et en effet, il n'y a pas de ces erreurs-là dans la nature !

Vois aussi les animaux : nos petits oiseaux si gais, si légers, comme ils sont bien à leur place dans nos bois et dans nos jardins ! comme leurs petits nids font bien dans les buissons ! Tandis que les oiseaux de mer, au contraire, sont bruyants et sauvages comme l'Océan ; et que les oiseaux de nuit ont les couleurs sombres, et le vol silencieux, comme la nuit silencieuse et sombre. Il n'y a pas jusqu'aux petits insectes... aux jolis papillons que tu vois voltiger dans la prairie, aux légères libellules que tu vois se poursuivre au-dessus de l'étang, qui ne soient faits pour briller au soleil, parmi les fleurs, avec lesquelles se confondent les jolies couleurs de leurs ailes.

Mais il y a aussi des papillons qui ne volent que le soir : ceux-là sont revêtus de couleurs foncées, de nuances ternes. Faits pour la nuit, ils en portent la livrée, comme les autres portent celle du jour. Comprends-tu maintenant ?

— Oui, mère, dit la jeune fille en penchant sa tête pour recevoir un baiser ; dis encore.

— Tu me parlais hier, chère enfant, des hérons du marais dont ton père t'a raconté l'histoire ; ne trouves-tu pas que ces oiseaux sont, en toute chose, l'opposé des beaux cygnes qui glissent élégamment sur les eaux, et semblent se plaire auprès de nous ? Cela vient encore de ce que chacun de ces animaux est en rapport avec le milieu pour lequel il a été créé.

Le héron a dans sa forme, dans son attitude, quelque chose de triste comme les solitudes où il se cache ; tandis que le cygne, avec ses formes opulentes et son plumage blanc de neige, semble fait tout exprès pour orner les belles eaux qui entourent les palais.

Mais je m'aperçois, ma chère fille, que nous avons souvent ensemble des conversations un peu sérieuses pour ton âge ; est-ce que ces sujets-là ne t'ennuient pas ?

— Oh ! non, mère, je m'y plais tant, que je passerais ma vie à t'entendre raconter toutes ces choses.

— Ainsi tu ne regrettes pas trop les plaisirs de tes compagnes qui sont restées à la ville ?

— Que dis-tu, chère maman ! les regretter ! Ah loin de là ! j'aime tant la campagne, où tout semble se taire et cependant nous fait penser ; où les grands arbres, qui ont l'air si sérieux, font pourtant entendre de petits frémissements de feuilles si doux ; où les vieilles murailles couvertes de lierre savent tant de choses qu'on voudrait deviner ! .. C'est si beau tout cela, que loin de regretter les plaisirs de la ville, je voudrais avoir ici mes compagnes, leurs frères, tous nos petits amis, pour leur faire partager mon bonheur, et leur redire à mon tour tout ce que toi et mon père m'avez appris ou fait comprendre !

— Nous les inviterons à venir, ma chérie. En attendant, tu as de petits élèves tout trouvés. Ton frère et ta sœur, qui dorment là sur nos genoux, sont bien jeunes encore, mais ils sont déjà en âge d'apprendre ce qu'un maître tel que toi peut leur enseigner. Enseigne-leur donc ce que tu sais, dans la mesure de leur âge. Apprends-leur le nom et l'usage des choses que Dieu a faites ; fais-leur en remarquer la beauté et l'harmonie. Enseigne-leur à *admirer*, en même temps qu'à *observer ;* et alors leur sensibilité se développera, leur goût et leur intelligence se formeront. Tu y trouveras toi-même bonheur et profit : profit, car tu sauras mieux les choses que tu auras enseignées ; bonheur, parce que ces enfants te devront le plaisir de connaître, et que toi aussi tu seras heureuse de le leur avoir procuré.

Et si jamais quelqu'un te disait que la poésie, les jouissances pures et modérées de l'imagination, ne sont utiles à rien, ne *rapportent* rien ; qu'il ne faut apprendre aux enfants que les choses *matériellement pratiques ;* alors, ma chère fille, rappelle-toi les leçons de ta mère, et réponds sans hésiter que la poésie qui a pour objet d'élever notre âme, à toute heure du jour, vers le beau, le bien ; de la disposer aux sentiments généreux, de la porter enfin vers Dieu, résumé de toutes les perfections ; que cette poésie-là doit être mise au premier rang parmi les choses *utiles !*

Quand la mère eut cessé de parler, deux petites têtes blondes qui avaient feint de dormir pour mieux entendre se dressèrent à la fois, et les deux enfants, confondant leur mère et leur sœur aînée dans un étroit embrassement, s'écrièrent ensemble : « Chère petite maîtresse, à quand la première leçon ? »

Questionnaire

A quel ordre d'oiseaux appartient le cygne ?
Cet oiseau est-il remarquable par sa beauté ?
S'apprivoise-t-il facilement ?
Où vit-il de préférence ?
De quoi se nourrit-il ?
Quitte-t-il l'eau volontiers ?
Nage-t-il bien ?
Marche-t-il aussi bien qu'il nage ?
Sa marche à terre n'est-elle pas gauche et embarrassée ?
Quelle est la forme de son cou ?
Quelle est la couleur de son plumage ?
Les jambes et les pieds des cygnes ont-ils une forme remarquable ?
Quelle est leur couleur ?
En quoi la forme du cygne est-elle favorable à la rapidité de ses mouvements sur l'eau ?
Le cygne vole-t-il bien ?
Les cygnes sauvages font-ils des voyages ?
Quelle est leur patrie ?
Où vont-ils passer l'hiver quand le froid devient trop intense dans leur patrie ?
Les cygnes étaient-ils plus communs en France autrefois qu'aujourd'hui ?
Les cygnes sont-ils forts ?
Peuvent-ils devenir dangereux quand ils ont des petits ?
A quelle époque les cygnes font-ils leurs nids ?
Combien y a-t-il d'œufs ordinairement dans un nid de cygne ?
Les jeunes cygnes nagent-ils ordinairement au sortir de l'œuf comme les canards ?
De quelle couleur sont-ils dans leur enfance ?

A quel âge prennent-ils leur beau plumage blanc?
Les cygnes sauvages vivent-ils et voyagent-ils par troupes?
Les animaux qui vivent en société entre eux sont-ils d'ordinaire
    plus faciles à apprivoiser que ceux qui vivent solitaires?
Le cygne chante-t-il?
Quelle fable a-t-on racontée à ce sujet?
Que signifie cette expression figurée : *Le chant du cygne?*
Le cygne est-il absolument dépourvu de voix?
Sa voix est-elle agréable?
Est-il probable que la forme du cygne ait servi de modèle aux
    premiers constructeurs de navires?
Quel rapport de forme y a-t-il entre le vaisseau des anciens et
    le cygne?
Que représentent les rames?
Et les voiles?
Dieu a-t-il établi de l'harmonie entre ses œuvres?
Les animaux et les végétaux sont-ils appropriés aux pays pour
    lesquels le Créateur les a faits?
Est-il utile et profitable d'observer ces rapports?
N'est-ce pas un bonheur que de savoir admirer la sagesse et
    la providence de Dieu dans la beauté de ses œuvres?

LE CANARD ET L'OIE

(LES GRANDS MOTS)

C'était près du Moulin-Joli, situé sur les bords du Loir, près de la riante petite ville de la Flèche.

Trois enfants étaient assis au bord de la rivière, à l'ombre d'un grand aune. Les deux plus âgés, Prosper et Guillaume, étaient les fils du meunier, comme il était facile de s'en apercevoir au léger nuage de farine qui couvrait leurs vêtements, d'ailleurs très propres. L'autre enfant était leur petit cousin ; il s'appelait Gaston, habitait la ville, et venait passer son jeudi à la campagne.

Chacun d'eux, assis sur l'herbe, s'amusait à sa manière. Les deux fils du meunier, armés de petits couteaux ébréchés, fabriquaient avec des branches de saule un jouet champêtre qui ressemblait beaucoup à une petite roue de moulin. Et en effet, quand ils eurent placé ce jouet au bord du courant, il se mit à tourner, tourner comme la roue d'un moulin véritable.

Gaston, lui, étendu sur l'herbe, tenait à la main une mince baguette de coudrier, au bout de laquelle pendait un fil, et au bout du fil un pétale de coque-

licot du plus beau rouge. Le pauvre petit citadin
espérait prendre du poisson avec cet engin ! et il le
faisait sautiller sur l'eau avec une patience admirable.

Il n'est pas besoin de vous dire que cet enfant-là
était peu familiarisé avec les habitants des eaux ; et
que des grenouilles seules eussent pu se laisser
prendre à cet appât de couleur éclatante. Car les
grenouilles, malgré leurs gros yeux, n'y regardent
pas de très près, et sautent bêtement après tout ce
qui brille.

A quelque distance de là, une troupe de canards
s'ébattait parmi les glaïeuls au bord de l'eau.

— Ce sont les canards qui font peur au poisson,
disait Gaston de mauvaise humeur ; voilà pourquoi
je ne prends rien !

Mais il oublia bientôt son ressentiment contre la
troupe cancanière, lorsque, sortant des glaïeuls, elle
s'avança de son côté, et s'arrêta vers le milieu des
eaux, en face des enfants, comme pour demander
ou attendre quelque chose.

Les chefs de la troupe nageaient en tête, et les
couvées de canetons jaseurs suivaient, barbotant et
folâtrant autour de leurs sérieux parents.

— Ah ! s'écria Gaston, qu'ils sont gentils tout de
même ! Je voudrais bien les embrasser..... Venez,
mes petits, venez ici ! venez, venez !...

Mais les canards, qui sans doute, pas plus que
les autres animaux, ne trouvent aucun plaisir à se
faire embrasser, ne répondaient nullement à l'appel
du petit garçon.

— Attends, attends, dit Prosper, je vais te les faire venir mieux que cela, moi.

Et il se mit à siffler, en faisant de grands gestes avec ses bras, comme s'il leur eût jeté quelque chose. Guillaume, lui, prit sa course vers le moulin.

Les canards virent les gestes de Prosper, et les voilà qui arrivent à la nage précipitamment, passant l'un par-dessus l'autre, tant la troupe était serrée. L'un d'eux s'élança même en battant des ailes, et rasant l'eau dans son vol vint s'abattre tout près de la rive. Les autres se hâtaient de tout leur pouvoir, et les canetons, restés en arrière, suivaient à la file, le cou tendu.

Ils s'arrêtèrent tous à quelque distance du bord, et là, attentifs aux mouvements de Prosper qui faisait toujours semblant de leur jeter du grain, les naïves bêtes se détournaient brusquement à chaque geste, cherchaient de droite et de gauche, et s'étonnaient évidemment de n'avoir rien vu tomber. Je crois que quelques vieux canards, pris nombre de fois à ce piége, et devenus moins crédules à force d'expérience, allaient perdre patience et s'en retourner en entraînant toute la bande, lorsque Guillaume reparut.

— Voilà ! voilà ! s'écria-t-il en accourant, ses poches remplies de croûtes de pain et de graines avariées, voilà !

Et les enfants de puiser à pleines mains dans ses poches, et de lancer des poignées de grains aux canards, lesquels se précipitèrent aussitôt en se disputant et cancanant à qui mieux mieux.

Parmi la bande affamée, il y avait un canard qui se distinguait entre tous par sa vivacité et sa tournure élégante. C'était un joli animal, moins grand, mais plus svelte que ses compagnons ; le même qui tout à l'heure avait pris son vol pour arriver le premier. Celui-là paraissait plus hardi, et en même temps plus farouche que les autres. Quand un morceau de pain tombait de son côté, il s'élançait dessus en battant des ailes de façon à écarter les concurrents, puis une fois le morceau saisi, il s'enfuyait d'un air défiant pour l'avaler à la course.

— Comme il est joli, celui-là ! dit Gaston.

Et en même temps il étendait le bras tant qu'il pouvait pour lui offrir un morceau de pain.

Le canard approchait, allongeait le cou, étendait les ailes, ouvrait le bec ; mais il n'osait pas venir prendre le pain jusque dans la main de l'enfant.

— C'est que celui-là est un canard sauvage, dit Prosper.

A ce mot de *sauvage*, Gaston retira son bras avec frayeur.

— Oh ! il ne te mangera pas, ajouta Prosper en riant, tu n'as que faire d'avoir peur !

Malgré cette assurance, Gaston préféra envoyer le cadeau directement à son adresse.

— Un canard sauvage ? répétait-il, comme pour demander une explication.

— Mais oui, dit Guillaume, tu ne sais donc pas ? Tous les ans, au commencement de l'hiver, quand les feuilles sont tombées des arbres, on voit arriver par ici des troupes de canards sauvages qui s'abattent sur la rivière et sur les étangs, et passent l'hiver avec les nôtres.

Canards sauvages.

Ces canards-là sont pareils à ceux du pays, excepté pourtant qu'ils sont plus petits et plus maigres. Quand on les voit d'ici nager tous ensemble, on a de la peine à les distinguer. Mais comme les canards sauvages s'effarouchent facilement, sitôt qu'on approche... brrr... les voilà envolés !

— Je croyais que ça ne volait pas, les canards? fit observer Gaston.

— Les canards domestiques ne volent pas, ou volent mal, parce qu'ils sont trop lourds ; mais les canards sauvages, au contraire, volent très haut. Tu n'as donc pas vu celui-là quand il a pris son élan vers nous?

— Mais alors il n'est plus sauvage... puisqu'il vient ?

— Il n'est plus aussi farouche que dans le commencement ; mais il est sauvage tout de même, parce que c'est son espèce.

Je vais te dire comment il se trouve parmi les nôtres.

Un soir de l'année dernière (car c'est le soir qu'on leur fait la chasse), M. Latouche..... tu sais bien ce monsieur qui demeure là-bas !

— Non, je ne sais pas.

— Eh bien, c'est égal. Il venait souvent tirer au bord de l'eau sur les canards sauvages, mais jamais il ne les attrapait, parce que les canards sont plus fins que lui. Un soir pourtant il en abattit un, mais sans le tuer ; il lui avait seulement blessé l'aile, et comme le canard était tombé au milieu des roseaux, il y resta caché.

Quelques jours après, ce canard sortit des roseaux, puis, peu à peu, finit par s'habituer avec les canards du moulin. Au printemps, quand tous ses camarades s'en retournèrent dans leur pays, son aile était guérie, mais elle était encore trop faible sans doute pour lui permettre d'entreprendre un long voyage, et le canard ne voulut pas s'en aller avec ses frères, il aima mieux rester avec ses cousins.

— Et les autres, où sont-ils allés ?

— Ils s'en sont allés très, très loin, de l'autre côté des montagnes et de la mer, dans un pays où il fait grand froid !... Je ne sais pas bien lequel.

— Mais comment donc les canards font-ils pour si bien nager et se tenir sur l'eau ? demanda Gaston, Moi, quand je vais au bain, je glisse tout de suite au fond de la baignoire ?...

Les deux petits meuniers partirent d'un grand éclat de rire.

— Mais *bête* que tu es, dit Guillaume, est-ce que tu es habillé de plumes serrées et huileuses comme les canards ?

— Est-ce que, dit à son tour Prosper, tu as les pattes palmées comme les canards, *bête* que tu es ?

— Est-ce que, reprit encore Guillaume, est-ce que.....

Gaston, tout décontenancé de cette sorte d'algarade, commençait à avoir le cœur gros...

— Je vous y prends ! s'écria tout à coup derrière eux une voix que son propriétaire grossissait pour la faire plus méchante. Je vous y prends, petits vauriens, à traiter votre camarade de *bête*, et qui plus est, à faire de la *Zoologie !*

Le nouveau venu était un vieillard à cheveux blancs et à figure avenante ; il portait une redingote à l'ancienne mode, et avait les deux jambes de son pantalon relevées pour les préserver de la boue. C'était l'instituteur du village. Il allait le jeudi à travers champs, herborisant le long de la route, c'est-à-dire cueillant çà et là toutes sortes de plantes médicinales ou autres, destinées soit à faire des tisanes pour les pauvres du voisinage, soit à donner à ses élèves les premières notions de la botanique, utile science dont l'instituteur avait compris les ap-

plications pratiques. Il portait un long étui de fer
blanc suspendu à son côté, pour renfermer les
plantes qui s'y trouvaient maintenues au frais.

Le digne instituteur passait par le sentier, au moment où Guillaume et Prosper donnaient à leur petit compagnon cette leçon, d'une forme un peu
cavalière.

— Bonjour, monsieur Girard ! s'écrièrent les deux
fils du meunier, un peu honteux de l'apostrophe
pourtant amicale du bon instituteur, et surtout inquiets d'avoir été surpris par lui, faisant de la *Zoologie* sans le savoir.

Gaston salua aussi, mais il resta timidement en
arrière. Prosper demanda tout bas à Guillaume :
— La Zoologie? Qu'est-ce que c'est que ça ?

— Je ne sais pas, répondit Guillaume décontenancé à son tour.

Et les deux enfants debout, les mains au dos,
s'entre-regardaient, troublés par ce dont ils étaient
accusés sans le comprendre.

— Oui, poursuivit l'instituteur en gesticulant
d'un air moitié plaisant, moitié courroucé, vous
faisiez tout à l'heure de la *Zoologie*, et même de
l'*Ornithologie !*...

Pour le coup, les enfants qui avaient tenu bon
jusque-là, se sentirent ébranlés et tout près de verser
des larmes. Chacun d'eux eût bien voulu se cacher
derrière les roseaux, mais un gros tronc d'arbre
renversé leur barrait le passage. Il fallait entendre
jusqu'au bout l'accusation très comique de l'instituteur. Et le pis, c'est qu'on ne savait pas si cet

homme sérieux et bon riait ou grondait réellement.

— Mais non, monsieur, dit enfin Guillaume
presque en sanglotant, nous étions à... à... regardei
les canards !

— Oui, répondit l'instituteur les sourcils toujours
froncés, j'étais là, derrière vous, et j'ai tout entendu :
vous regardiez les canards, et vous parliez de leurs
mœurs, de leur conformation, des canards sauvages
et de leurs voyages?

— Oui monsieur, dit Prosper.

— Et vous disiez que c'est parce qu'ils sont revêtus de plumes huileuses, qu'ils peuvent aller sur
l'eau sans être mouillés ?

— Oui, monsieur, dit Guillaume.

— Et vous disiez encore que s'ils nagent si bien,
c'est qu'ils ont les pattes palmées?

— Oui, monsieur, dit Prosper.

— Et.... ajouta l'instituteur avec une voix sévère,
vous osiez dire à votre petit camarade ici présent,
qu'il est une *bête* de ne pas savoir tout cela?....

— Oui, monsieur, dirent ensemble les deux frères
qui commençaient à se rassurer, et même à rire un
peu en dessous.

— Eh bien, qu'est-ce donc que tout cela, si ce
n'est de la *zoologie* et de l'*ornithologie ?* Et si vous
traitez de *bête* votre camarade parce qu'il ne sait pas
l'histoire naturelle des canards, comment vous trai-
terai-je, vous qui, la connaissant, ne savez pas comment elle s'appelle ?

— Mais, monsieur, repartirent les deux enfants

tout à fait raffermis, vous ne nous avez jamais appris
ces grands mots-là.

— Eh, mes chers enfants, répliqua le bon instituteur en reprenant tout à fait sa physionomie amicale, a-t-on appris l'histoire des canards à votre
petit camarade ? Ah ! mes amis, soyez indulgents,
et prouvez vous-mêmes votre esprit, en enseignant
aux autres, avec bonté et patience, les choses que
vous avez eu le bonheur d'apprendre.

Les deux petits écoliers sautèrent au cou de leur
bon instituteur, et lui dirent gaiement :

— Nous ne le ferons plus, monsieur Girard !

— Monsieur, demanda alors le petit Gaston mis
en confiance par la cordialité de l'instituteur, savez-vous de quel pays viennent les canards sauvages ?

— Si je le sais ! mais quand j'étais jeune j'ai
visité presque tous les pays qui forment le nord
de l'Europe : la Suède, la Norvége, l'Ecosse.
C'est là qu'il fait froid l'hiver ! Alors toutes les
rivières, tous les lacs, et il n'en manque pas, sont
glacés. Il ne reste ni une feuille aux arbres, si ce
n'est aux arbres résineux, ni une fleur dans les jardins. L'été, au contraire, la terre se couvre de verdure; il y a des champs de blé et d'orge comme
chez nous; mais la chaleur ne dure que peu de
temps.

Eh bien, mes chers amis, ces pays-là sont la patrie des canards sauvages. C'est là qu'ils font leurs
nids dans les roseaux, au bord des étangs, et qu'ils
élèvent leurs petits.

Ils aiment donc le froid, direz-vous, puisqu'ils choisissent les climats du Nord ? D'abord ils le sentent peu, parce qu'ils sont couverts d'un chaud duvet qui ne se laisse pénétrer ni par l'eau, ni par la bise. Malgré cela ils craignent le froid excessif, aussi quand tout s'est glacé dans leur pays, qu'ils ne peuvent plus nager, ni pêcher les vermisseaux avec leur grand bec aplati, ils quittent leur patrie, et viennent passer l'hiver dans nos climats plus doux. Il leur faut de bonnes ailes, mes enfants, pour faire un pareil voyage, car ils viennent de plus de trois cents lieues !

Eh bien, savez-vous comment ils s'arrangent pour se fatiguer moins dans leur vol ? Ils se rangent à la file les uns des autres, sur deux lignes qui, partant d'un point commun, vont en s'écartant comme les deux jambages d'un grand V. Le canard qui est en avant, à la pointe du V, ou si vous voulez, au sommet de l'angle aigu, fend l'air et dirige la marche ; tous les autres suivent à la file.

Quand le premier est fatigué, il quitte son poste, va se mettre à la suite, et un autre le remplace.

Sont-ils par trop las ? ils s'abattent sur quelque étang isolé pour y passer la journée, ou sur le bord de la mer, pour pêcher le long du flot de petits poissons et des coquillages. A la chute du jour, toute la troupe reprend son vol..... et ainsi jusqu'à ce qu'ils soient rendus au terme du voyage. Le soir, on peut voir passer dans l'air, à une grande hauteur, des troupes de canards sauvages, allant du Nord au

Sud vers le mois d'octobre, et retournant du Sud au

Vol de canards sauvages.

Nord à l'approche du printemps ; car ils craignent les grandes chaleurs autant que les grands froids.

— Pourtant monsieur, dit Guillaume, l'année dernière les canards sauvages nous ont quittés dès le
mois de décembre?

— C'est que l'année dernière, vous vous en sou-
venez, les gelées furent très fortes. Aussi les canards
trouvèrent sans doute que notre pays était devenu à
son tour trop froid pour eux, et ils s'en allèrent plus
au Sud (au grand désespoir de M. Latouche). Leur
instinct leur disait que de ce côté-là ils trouveraient
une température plus douce. Mais au printemps on
les vit revenir ; ils firent chez nous une courte sta-
tion en passant, puis retournèrent dans leur patrie
sans s'être trompés de chemin.

Eiders d'Écosse

En Ecosse, mes chers enfants, j'ai vu une espèce
de canards fort remarquable ; on appelle ceux-là des
eiders, et on les chasse d'une façon toute particulière.

Un jour, trois ou quatre jeunes gens du pays vin-

rent me proposer d'aller avec eux à la chasse aux
eiders. C'était peu de temps après mon arrivée, et
j'en entendais parler pour la première fois. Je monte
dans ma chambre, je chausse mes plus fortes bottes,
je prends mon fusil, de la poudre, du plomb, et je
vais rejoindre mes compagnons.

— Pourquoi tout cet attirail ? s'écrièrent-ils en
riant de mes préparatifs de guerre..... Un fusil ! vous
ne savez donc pas qu'il est sévèrement défendu de
tuer les eiders ? Ce serait détruire une des richesses
de notre pays.

— Quoi ! ne partons-nous pas pour la chasse ?

— Sans doute, mais la chasse à l'eider se fait sans
fusil et sans chien. Il ne s'agit que de découvrir et
de visiter les nids.

— Pour enlever les œufs ? demandai-je.

— Enlever les œufs !.... Autant vaudrait faucher
son blé en herbe.

— Mais alors pourquoi visiter ces nids ?

— Vous verrez cela. Déposez vos engins meur-
triers, prenez un costume léger et solide comme le
nôtre ! Tenez ! voilà nos outils....

Et ils étalèrent devant moi des cordes, des bâtons
ferrés, des gaffes [1], de petits sacs....

— Nous avons pensé à vous, dirent-ils, ne vous
préoccupez de rien, et venez !

Nous voilà donc partis pour le bord de la mer !
Nous descendîmes des sentiers formés par les cre-

1. Longue perche terminée par un morceau de fer formant une
pointe et un crochet.

vasses des rochers ; de vrais sentiers de chèvres.
Enfin nous arrivons en bas ; et nous montons dans
une petite barque qui nous attendait.

Une heure après, nous étions dans un endroit sauvage, où des rochers énormes se dressaient de toutes parts ; il y en avait à droite, à gauche. C'était un
véritable *archipel !*

Il nous fallut circuler entre tous ces rochers avec
notre barque. Au bruit de nos rames, nous voyions
sortir de chaque trou, de chaque fente, des eiders
effrayés de notre approche, et qui, sans s'éloigner
de leurs nids, tournaient en cercles au-dessus de
nos têtes.

— C'est ici, dirent mes compagnons. Nous je-
tâmes l'ancre, et nous quittâmes la barque pour pénétrer dans les rochers.

— Voyez-vous ce trou-là ? me dit l'un deux, eh
bien, il y a là un nid d'eider ! Accrochez-vous ferme
à ces pointes de roc, et regardez au fond ; les deux
oiseaux viennent de s'envoler. Voyez-vous le nid ?
il est fait de plantes marines, desséchées et entrela-
cées. Les œufs sont dessus..... Il faut se donner bien
garde d'y toucher !

Mais voyez-vous ce duvet fin, chaud, et extrêmement léger qui les recouvre ? C'est cela que nous
venons chercher.

— Et qu'en faites-vous ?

— Nous le vendons fort cher ; c'est avec ce duvet
qu'on fait les larges oreillers qui se posent sur les lits
pour tenir les pieds chauds, et qu'on appelle des
édredons.

— Où donc les eiders prennent-ils ce duvet si doux ?

— Il leur appartient en propre ! C'est leur duvet à eux. Il pousse entre leurs plumes. La mère se l'arrache de la poitrine pour en couvrir ses œufs : sans cela ils n'auraient pas, dans ce pays, assez chaud pour éclore.

— Mais alors si nous l'enlevons ?.....

— Oh ! soyez tranquille ! la mère n'ayant plus rien à donner, le père se dépouillera à son tour. Nous prendrons encore le duvet du père. Alors le père et la mère s'arracheront tout ce qui leur reste de duvet pour recouvrir leurs œufs ; mais celui-là nous le laisserons, afin que les œufs aient la chaleur nécessaire pour éclore.

Tandis que mon compagnon m'expliquait ces choses, les autres avaient escaladé les rochers et commençaient leur récolte. C'était effrayant de les voir : les uns grimpaient en se cramponnant avec leurs gaffes de fer ; les autres, attachés par le milieu du corps avec une courroie, se faisaient descendre du sommet des rochers dans quelque profonde excavation. S'ils étaient tombés, les malheureux, ils étaient perdus !...

Mais non, adroits, intrépides, ils pénétraient partout, et remplissaient du précieux duvet les sacs de cuir suspendus à leur ceinture.

Cette chasse dura jusqu'au soir. Pour moi, il me fallut me contenter de regarder mes compagnons. Je me serais cassé le cou mille fois pour une si j'avais essayé de les imiter !

Dans ce pays, mes enfants, j'ai vu non-seulement des eiders, mais aussi des *oies sauvages*.

Oie sauvage d'Écosse.

Ces oies sont absolument semblables à celles de nos basses-cours. Elles ont le même large bec, le même cou long et roide, les mêmes pieds palmés : car les oies aussi sont des oiseaux nageurs. Seulement les oies sauvages ont beaucoup plus de légèreté que les oies domestiques, et volent aussi bien que les canards sauvages. Comme eux, elles émigrent aux approches de l'hiver, et elles ont à peu près le même genre de vie.

Cependant, comme elles se plaisent moins dans l'eau que les canards, elles y vont moins souvent. Quelquefois il en vient dans nos pays, mais il est

difficile de s'en emparer, tant ces oiseaux sont défiants et agiles.

— Je croyais que c'était bête, les oies, observa Guillaume ; on dit toujours : *Bête comme
une oie.*

— Les animaux que l'on a *domestiqués*, mon petit ami, perdent toujours une partie de leur instinct.
Les oies que tu vois dans nos fermes, et que les petits enfants mènent aux champs par troupes pour
leur faire paître l'herbe, n'ont pas grand besoin
d'exercer leur vigilance, puisqu'elles n'ont d'ordinaire à se préserver d'aucun danger. Elles n'ont
même pas besoin de chercher leur nourriture, puisqu'on a soin de la leur donner régulièrement. Cependant, quand une occasion se présente, tout leur
instinct se réveille....

Si tu voyais comme elles savent garder leurs petits,
les protéger et les défendre au besoin ! Et non-seulement chaque mère défend les siens, mais elle
défend aussi ceux des autres oies du troupeau, nous
donnant ainsi un bel exemple de fraternité.

Elles sont aussi capables de s'attacher aux lieux où
elles vivent, et aux personnes qui les soignent. Tenez
je vais vous dire une histoire dont j'ai été témoin :

La petite Manette, qui gardait les moutons d'une
ferme de notre village, conduisait aussi les oies à
la pâture. Un soir qu'il faisait très chaud, elle s'était
endormie contre le talus d'un fossé ; ses oies pais-
saient tranquillement autour d'elle, quand tout à
coup, un renard sort du taillis voisin, se glisse derrière les buissons, saute dans le pré, et saisit une

oie au cou !... La pauvre bête se débat, et les autres
oies se dispersent en poussant de grands cris. Quel-
ques-unes vont se réfugier près de la bergère en battant des ailes avec effroi, et la tirant par ses vêtements pour la réveiller. N'était-ce pas déjà un trait
d'intelligence ? .

Manette se réveille soudain, voit ses oies en désordre, et le renard qui s'efforçait d'entraîner sa proie.
Heureusement l'oie était aussi grosse que lui, et
l'embarrassait fort. Manette s'élance et met le voleur
en fuite. Il était grand temps : la pauvre oie était à
moitié étranglée. Manette l'emporta, la soigna d'autant mieux qu'elle se reprochait d'avoir fait mauvaise garde. Enfin, l'oie guérit complètement.

Eh bien, mes enfants, cette bête, privée de raison,
montra pourtant de la reconnaissance. Elle s'attacha
si fort à celle qui l'avait défendue et soignée, qu'à
partir de ce moment elle la suivit pas à pas, comme
aurait fait un chien.

Cela dura près d'un an ; mais à la fin de l'été,
Manette dut aller aider ses parents à moissonner,
et elle s'absenta de la ferme pendant un mois environ. A son retour, après avoir embrassé les fer-
miers, elle entra chez les propriétaires de la ferme
pour leur souhaiter aussi le bonjour. C'était le moment où le troupeau d'oies revenait du pré sous la
conduite d'un autre enfant.

Ne voilà-t-il pas qu'en passant devant la maison
de maître, une des oies se détache subitement du
troupeau, étend les ailes, et saute dans la chambre
par la fenêtre ouverte, en poussant un cri si écla-

tant que les maîtres en firent un saut !... C'était
(vous l'avez déjà deviné) l'oie familière de Manette, qui avait reconnu la voix de sa protec-
trice, et témoignait, à sa manière, sa joie de la
revoir.

En disant ces derniers mots, M. Girard se leva
du tronc d'arbre sur lequel il s'était assis pour
donner aux enfants cette petite leçon d'histoire
naturelle, et il se disposait à partir.

— Restez encore, monsieur ! dit Prosper d'un air
suppliant.

— Dites-nous encore des histoires, ajouta Gaston
lui-même.

— Vous n'avez donc plus peur de la *Zoologie?*
demanda M. Girard en riant.

— Ouf! la *Zo...* la *Gie?* balbutia Prosper.

— Ni de l'*Ornithologie?* poursuivit M. Girard.

— Enfin, qu'est-ce que tous ces grands mots-là ?
demanda résolûment Guillaume. Dites-nous-le,
monsieur, que nous sachions si nous devons en
avoir peur oui ou non !

— Ah ! mes amis, il y a des gens qui ont quatre
fois votre âge, et qui en ont encore une peur atroce!...
Il n'y a pas de quoi cependant; il ne s'agit que de
s'entendre.

Vous n'avez rien trouvé de terrible dans mes histoires, n'est-ce pas? C'était pourtant de la *Zoologie*
que je vous contais là... oui, de la *Zoo-logie*, mot
formé de deux mots *grecs* qui signifient tout bonne-

ment: *animaux-description*, ou *description des animaux*.

Et l'*Ornitho-logie* donc! Pour le coup, ce doit être de la magie noire!... Pas le moins du monde : ce grand mot est aussi emprunté à la langue grecque, et signifie très exactement : *oiseaux-description*, ou *description des oiseaux*, chacun selon son espèce, avec le récit de leur manière de vivre, du pays qu'ils habitent, de leurs voyages, etc., etc. Quand je vous dis, par exemple, que les canards et les oies sont des animaux qui ont des plumes, pondent des œufs, vont à l'eau, savent nager, et sont *palmipèdes*, c'est de l'ornithologie...

— *Palmipèdes*? que veut dire encore ce mot-là, monsieur Girard?

— Il veut dire *palmes-pieds*, ou tout simplement que ces oiseaux, destinés à vivre sur l'eau, ont, comme vous le disiez tout à l'heure, les *pieds palmés*; c'est-à-dire ont entre les doigts une peau qui empêche l'eau de passer, et permet à l'animal de s'en servir comme d'une rame. Est-ce que tout cela est effrayant? Non bien sûr... mais à une condition pourtant... c'est que l'on sache *d'abord* de quoi il est question; que l'on comprenne bien, d'abord, les *choses*, qui le plus souvent nous sont familières, au lieu de commencer par les *mots*, qui nous sont presque toujours étrangers.

Ah! mes enfants, combien de gens aimeraient la science s'ils n'étaient effrayés, dès le début, par les grands mots placés à l'entrée de cette belle science, comme un dragon à la porte d'un jardin!... Pour-

tant ils ne paraissent difficiles que parce que, placés
au *commencement*, ils sont incompréhensibles; on
les trouve très clairs quand ils arrivent après l'explication.

Les *mots*, voyez-vous, mes chers amis, sont précieux pour fixer les idées; mais les idées, la com-
préhension des *choses*, est d'abord indispensable
pour les faire éclore.

Questionnaire

A quel ordre d'oiseaux appartient le canard?
A quoi ces oiseaux doivent-ils le nom de *palmipèdes*?
Décrivez la forme du pied d'un oiseau palmipède.
Quel est pour eux l'avantage de cette disposition?
Quelle est la nourriture habituelle des canards?
Quelle est la propriété de leurs plumes?
Les canards domestiques sont-ils plus ou moins gros que les
    canards sauvages?
Les canards sauvages volent-ils mieux ou moins bien que les
    canards domestiques?
Quelle est la patrie des canards sauvages?
Quelle est la température des pays du Nord?
L'hiver y est-il plus rigoureux que dans notre pays?
L'été y est-il beau?
Y a-t-il de la végétation pendant la belle saison?
La saison froide y dure-t-elle longtemps?
Les canards aiment-ils les pays froids?
Supporteraient-ils un froid excessif?
Pourquoi quittent-ils leur patrie à l'approche de l'hiver?
Où vont-ils alors?
Leur voyage est-il long?
A quel moment prennent-ils leur vol?
Comment disposent-ils leur marche pour se fatiguer moins en
    volant?
Vers quelle époque arrivent-ils dans nos climats?
Si le froid y devient trop intense, y restent-ils?

Ces oiseaux sont-ils défiants ?

Est-il difficile d'en approcher ?

Vers quelle époque de l'année nous quittent-ils pour retourner dans leur patrie ?

Peut-on les apprivoiser ?

Où font-ils leur nid ?

Les petits canards ont-ils besoin que leurs parents leur apprennent à nager ?

Qu'est-ce que l'*Eider* ?

Où trouve-t-on cette espèce de canards ?

Quelle utilité en retire-t-on ?

Quel est le nom du duvet de l'eider ?

Où le trouve-t-on ?

Où et comment l'eider fait-il son nid ?

Racontez comment se fait la récolte de l'*édredon*.

Y a-t-il des oies sauvages ?

Dans quels pays se trouvent-elles ?

Les oies sont-elles aussi des oiseaux palmipèdes ?

Quelle est leur nourriture ?

Les oies sont-elles des oiseaux de passage comme les canards ?

Ont-elles à peu près les mêmes mœurs que les canards ?

Quel est le trait caractéristique de leur instinct ?

Les oies domestiques conservent-elles cet instinct dans toute sa force ?

L'instinct reparaît-il dans le cas de danger ?

Comment nourrit-on les oies domestiques ?

Paissent-elles l'herbe dans les champs ?

Les oies prennent-elles un grand soin de leurs petits ?

Sont-elles capables d'attachement et de reconnaissance ?

Quelle est la signification du mot *zoologie* ?

Celle du mot *ornithologie* ?

Rappelez encore la signification du mot *palmipède*.

LE PÉLICAN

Ah! chers lecteurs! que c'est joli la grève! L'été,
quand la chaleur est accablante, qu'on est bien,
assis à l'ombre des rochers! et rafraîchi par les brises
de la mer qui s'éloigne ou qui revient!

Derrière soi on a la falaise, la rive escarpée à laquelle sont suspendues de longues herbes jaunes qui
croissent dans les fentes de la pierre, et se balancent
au souffle du vent. Devant soi on a les grandes
vagues qui se déroulent en jetant leur écume
vers le bord. Puis au loin, de temps en temps,
les voiles blanches des grands navires qui passent, ou les barques des pêcheurs qui rentrent au
port.

La grève est couverte d'un sable fin, et quand la
marée baisse, c'est-à-dire quand le flot se retire, il
laisse à sec ce beau sable humide, semé de petites
coquilles nacrées; et découvre des rochers à fleur
d'eau, dont on voit à peine la pierre, tant ils sont
couverts d'algues, de varechs et de toutes sortes de
plantes marines.

Dans les petits bassins formés par les surfaces

creuses de ces rochers, la mer laisse des flaques
d'eau salée et pourtant limpide comme du cristal,
où flottent de jolies plantes marines extrêmement
délicates et légères. Il y en a de toutes les couleurs :
rouges, vertes, brunes surtout. On y voit aussi
nager de petits poissons, sauter des crevettes, et se
mouvoir, chacun à sa manière, une foule d'animal-
cules marins de formes bizarres. De tout cela il sort
un murmure, presque imperceptible, de gouttelettes
d'eau qui tombent, de petits ruisseaux qui courent
sur le sable...

Sur la grève humide, d'une humidité qui ne salit
pas et ne rend pas malade, au contraire, les enfants
jouent, bondissent les jambes nues. Ils vont piétiner
dans l'écume, le long du flot ; ramasser les coquillages que la mer abandonne sur le sable. Ils courent,
ils reviennent, ils s'écrient :

— Vois donc, quelle jolie coquille !

— Qu'est-ce que cette belle mousse verte ?

— Ici, ici, viens, le sable est brillant comme des
paillettes d'or !...

Et alors ce sont des questions à n'en plus finir; il me
faut tout expliquer. A propos d'une coquille trouvée
dans le sable, nous en venons à parler de la *vie dans
les eaux*, des *mollusques* presque sans mouvement,
qui passent leur existence collés à un rocher. A
propos d'un petit poisson qu'on a vu, ou cru voir,
dans l'eau tranquille d'une mare, il se trouve que
nous parlons de la pêche, des barques, des filets, de
la vie des pêcheurs, et des dangers de la mer. Pour
moi, je serais bien fâchée d'imposer silence à ces

questionneurs infatigables, qui voudraient tout savoir.

Hier encore, une jeune maîtresse que j'aime bien, et qui pense comme moi, était sur la grève avec les petits enfants confiés à sa garde, parmi lesquels se trouvait sa nièce Berthe, gentil lutin, dont les yeux en disent plus que les paroles de beaucoup d'autres! Le temps était un peu lourd, un orage se préparait. Le ciel s'était couvert de nuages, et la mer avait pris une teinte sombre.

Goëland (à manteau gris).

Les mouettes, les goëlands, volaient en rasant l'eau de leurs grandes ailes; parfois nous les voyions tournoyer en poussant des cris aigus, puis s'abattre, et se mettre à nager comme des canards dans un étang. D'autres fois ils se soutenaient en l'air sans changer de place, rien qu'en battant des ailes; puis tout à coup se laissaient tomber verticalement comme une pierre.

Les enfants avaient souvent aperçu de loin les mouettes voler au-dessus de la mer; mais cette fois ils pouvaient les voir de très près, et le manége de ces oiseaux excitait vivement leur curiosité.

— Ma tante, que font-elles donc ainsi? demanda Berthe.

— Elles jouent sans doute, dit la petite Madeleine.

— Elles *travaillent*, reprit la jeune maîtresse. Elles travaillent à se procurer leur subsistance : elles pêchent.

— Elles pêchent?... répéta Henri très surpris.

— Que vois-tu d'extraordinaire à cela, mon enfant? De même qu'il y a des oiseaux *chasseurs*, comme l'aigle, le hibou, l'épervier, il y a aussi des oiseaux *pêcheurs*.

— Oui, dirent à la fois Berthe et Madeleine, tu sais bien... les hérons, les grues...

— Ah! mes enfants, ceux-là ne sont que de modestes *pêcheurs de grenouilles!* Les oiseaux pêcheurs par excellence ce sont les *oiseaux de mer*, les mouettes, les *frégates*, les...

— Regardez! regardez! s'écria tout à coup Henri. Les voilà toutes au-dessus du petit rocher! Comme elles tournoient, comme elles ont l'air affairé, comme elles crient!

— C'est qu'il y a sans doute des poissons dans cet
endroit, dit la maîtresse; voyez, en voici une qui

Frégate au **vol.**

plonge... puis une autre... puis toutes... Et maintenant elles s'envolent... Elles emportent leur
dîner!

‘ — Avez-vous fait bonne pêche? crièrent les enfants.

— Oui, sans doute. Les oiseaux pêcheurs sont
extrêmement vifs et adroits; et il est bien rare que
la proie leur échappe. Quand ils ont saisi un poisson, ils vont se poser, pour le manger tout à leur
aise, sur quelque rocher à l'écart. Puis ils reviennent
à la charge, car ces oiseaux sont d'une voracité ef-
frayante.

— Ils ne sont pourtant pas gros, observa Madeleine.

— Les mouettes non, mais il y a des oiseaux pêcheurs de bien plus grande taille.

— Il y en a donc encore d'autres espèces?

— Il y en a un très grand nombre, plus ou moins
différentes les unes des autres. Et de même que les
autres animaux, tous ces oiseaux possèdent une or-
ganisation parfaitement appropriée au genre de vie
qu'ils mènent.

— Parlez-nous de quelques-uns, chère amie.

— D'abord ils sont généralement très légers com-
parativement à leur taille; de sorte qu'ils flottent
sur l'eau presque comme le liége. Puis, afin de
nager plus vite et de plonger plus facilement, ils
ont les pieds palmés comme les canards.

— Ce sont donc aussi des *palmipèdes?*

— Oui, logiquement. De même aussi que les canards, ces oiseaux sont vêtus de plumes et d'un
chaud duvet imprégnés d'une substance grasse qui
empêche l'eau d'arriver jusqu'à leur peau, en sorte
que, plongés dans la mer, ils ne sont pas plus

mouillés que s'ils étaient enveloppés d'une toile cirée.

Pétrel-tempête.

—La toile cirée ne se mouille donc pas? demanda
Henri.

— Non mon ami; toute surface enduite d'une matière grasse est imperméable à l'eau. Tu peux en faire toi-même l'expérience : prends une feuille de papier, plonge-la d'abord dans l'huile, puis dans l'eau. Quand tu la retireras, il restera peut-être quelques gouttelettes d'eau à la surface; mais le papier lui-même ne sera nullement imbibé.

Tenez, voyez ces mouettes!... Quand elles viennent de plonger, et qu'elles ont un peu secoué leurs ailes, leur corps est tout aussi sec que si elles n'eussent pas touché la mer.

— C'est ça qui est commode! et amusant! dit Madeleine, plonger dans l'eau sans se mouiller!

— Sans doute, ma chère enfant, et ce fait nous fournit l'occasion de remarquer, une fois encore, l'ordre admirable avec lequel Dieu a tout réglé dans la nature.

Quant aux ailes des oiseaux de mer, c'est autre chose. Certaines espèces n'en ont pour ainsi dire pas, et ne peuvent par conséquent s'élever dans les airs. Aussi ceux-là ne quittent presque jamais la mer. D'autres, au contraire, en ont d'excessivement grandes et fortes; ils volent loin, vite et longtemps. On les voit tantôt planer si haut qu'on les dirait dans les nuages, tantôt voler si bas qu'ils semblent glisser à la surface de l'eau.

— Ces oiseaux-là, interrompit Henri, sont des pêcheurs pourvus à la fois de *rames* et de *voiles!*

— Ta comparaison est fort juste, et tu n'es pas le premier à l'avoir faite; c'est pourquoi les oiseaux de mer à larges ailes, ont reçu le nom de *grands voiliers*. Ce sont, par exemple, les mouettes; les *goëlands*, à peu près semblables aux mouettes, mais un peu plus gros, et communs sur nos côtes de France; les *hirondelles de mer*, qui ne sont pas plus grandes que des pigeons, mais qui sont extrêmement légères. Celles-là ne nagent presque jamais; elles volent en rasant les lames, et happent les petits poissons qui viennent trop près de la surface. Mais ce n'est pas sur nos plages qu'on rencontre le plus d'oiseaux de mer.

— Pourquoi?

— Parce que ces animaux sont extrêmement farouches et sauvages; ils préfèrent les îles désertes, les rivages inhabités. Ils sont très communs dans les climats glacés peu recherchés des hommes. On les voit tournoyer par milliers autour des glaces flottantes. Il y en a tant dans les mers du Sud, que vous ne sauriez vous en faire une idée. La mer, autour des îles désertes qui sont leurs lieux de refuge, en est toute couverte. Ils sont nombreux à ce point que leurs excréments, accumulés depuis des siècles, ont fini par former sur certains îlots d'épaisses couches d'engrais, qu'un grand nombre de navires vont enlever chaque année pour fumer nos champs et nos jardins. Vous avez peut-être entendu parler de cet engrais : c'est ce qu'on appelle du *guano*.

Quand on sait combien ces animaux sont voraces, on est étonné de la prodigieuse quantité de poissons qu'ils doivent détruire! Et encore, comme s'ils avaient peur que la mer manquât de poissons. ils se

poursuivent dans l'air les uns les autres pour s'en-
tr'arracher la proie du bec. Ils poussent alors de
telles criailleries que, lorsqu'on aborde aux rivages
qu'ils fréquentent, on en est tout assourdi.

Dans les solitudes qu'ils habitent, les hommes
leur sont totalement inconnus; aussi, malgré leur
naturel farouche, ils se laissent approcher de très
près par ceux qui leur font la chasse.

— On leur fait donc la chasse?

— Oui, la chair de quelques espèces est bonne à
manger, quoique chez la plupart elle soit coriace et
huileuse. Mais on cherche le plus souvent leur duvet
ou leurs œufs.

— Est-ce qu'on en fait des omelettes? demanda
Madeleine en riant.

— Pourquoi pas? répondit Henri.

— Mais, demanda la petite fille, quand il n'y a
point d'arbres sur le bord de la mer, où ces oiseaux
font-ils leurs nids?

— Chaque espèce a ses habitudes particulières,
répondit la jeune maîtresse : les uns se font sur le
sol un nid grossier, avec des plantes marines desséchées; les autres déposent simplement leurs œufs
dans le sable, à l'époque où le soleil l'échauffe;
ou dans quelque trou de rocher bien abrité du
froid.

Parmi les oiseaux qui vivent de poissons, il en
est un surtout qui est admirablement organisé pour
le métier de pêcheur. On le trouve dans toutes les
régions : il pêche tantôt sur la mer, tantôt le long
des fleuves, dans les lacs, dans les étangs. Poisson de

mer, poisson d'eau douce, tout lui est bon. Celui-là, c'est le *Pélican*.

—Ah! je sais, dit Henri ; je l'ai vu :

> Le grand pélican blanc,
> Qui se déchire le flanc,
> Pour nourrir ses enfants
> Avec son sang !

Comme disait à la foire un superbe charlatan !...

— Pauvre oiseau ! s'écrièrent les fillettes, est-il possible qu'il fasse cela sans en mourir?

— Non, non, mes enfants, s'écria la jeune maîtresse, ne croyez pas cela! C'est un conte, une de ces risibles méprises que l'ignorance fait commettre. Non, le pélican ne nourrit pas ses petits avec son sang. Est-ce que vous pouvez penser que Dieu aurait recours à des moyens si contraires aux lois générales de la nature?

— Pourtant, dit Berthe, la vieille Nanon me l'a affirmé.

— Ah! ma pauvre petite, tu ne sais pas encore que les ignorants et les trompeurs sont ceux qui affirment toujours davantage. Mais il faut se tenir en garde, et n'accueillir ce qu'on entend qu'après réflexion et renseignements certains. Non, chers amis, les pélicans ne se déchirent pas la poitrine pour nourrir leurs petits de leur sang. Ils les nourrissent de poissons, comme tous les autres oiseaux pêcheurs.

— Ce doit être vrai, dit Henri, car c'est bien plus logique. Puisque les pélicans sont destinés à manger

du poisson quand ils sont grands, il est tout naturel que leurs parents les y habituent lorsqu'ils
sont petits.

— Tu le vois, mon cher Henri, quand on réflé-
chit on se met à l'abri d'une foule d'erreurs.

— Mais d'abord, chère tante, dit Berthe, fais-
nous, s'il te plaît, le portrait du pélican.

Pélican.

— C'est un oiseau de grande taille; il est plus
gros que nos plus gros cygnes, et il pèse environ
12 kilogrammes.

— Juste autant que notre petite cousine qui aura
bientôt deux ans.

—Et malgré ce poids considérable, le pélican vole très bien. Il a les ailes grandes et fortes. Ses plumes sont blanches ou grises, parfois tachées de noir aux ailes. Ses pattes sont palmées, cela va sans dire, aussi nage-t-il et plonge-t-il aussi bien qu'il vole ; mais à terre il marche très mal. Son cou, aussi long que celui du cygne, porte un bec d'une dimension démesurée, qui se termine par une sorte de pointe ou d'ongle crochu.

Ce que le pélican a de plus extraordinaire, c'est une grande poche qui s'ouvre dans l'intérieur de son bec, et pend le long de son cou. C'est dans cette poche, formée d'une membrane forte et élastique, que l'animal entasse le produit de sa pêche, pour aller ensuite le dévorer à loisir.

—Alors cette poche est un sac à provisions ! s'écria Madeleine.

— Un carnier de chasseur ! exclama Henri.

. — Exactement. Mais ce sac, ce carnier, est aussitôt vidé que rempli. Le pélican pêche pendant plusieurs heures avec une activité extraordinaire ; tout à l'heure je vous dirai comment il s'y prend. A mesure qu'il saisit un poisson, au lieu de prendre le temps de l'avaler, il le met dans son sac. Plus il en met, plus la poche s'enfle et grossit ; elle devient énorme. Aussi les habitants du pays appellent le pélican *grand gosier*. Et ce surnom lui est bien acquis, car les savants affirment que la poche d'un pélican peut contenir jusqu'à 20 litres d'eau.

Quand sa pêche est terminée, il va sur un rocher ou sur la grève. Là, il ouvre le bec et *vide son sac ;*

puis, reprenant les poissons un à un, il les mange
ou les distribue à ses petits. Sa poche ouverte étant
alors naturellement appliquée contre sa poitrine,
des observateurs éloignés, et peu sérieux, ont cru
que sa nourriture sortait de sa poitrine elle-même.
De là l'erreur qui vous a été répétée.

A peine le pélican a-t-il commencé à digérer, qu'il
retourne à la pêche ; car ces oiseaux sont si gloutons,
que le poisson dévoré chaque jour par un seul
d'entre eux suffirait pour nourrir quatre ou cinq
hommes[1].

— Comment s'y prennent-ils donc pour en at-
traper une si grande quantité?

— Quand un pélican pêche seul, il s'y prend
comme les autres oiseaux de mer. Mais très souvent
les pélicans s'associent. Ils ont compris que la pêche
en commun est plus fructueuse; alors leur procédé
est vraiment curieux, et leur instinct remarquable.

Imaginez, mes enfants, une petite baie tranquille,
comme celle où nous voilà assis... C'est dans cet endroit que les pélicans se réunissent pour y pêcher de
compagnie. Ils se rangent en ligne, les uns auprès
des autres, afin de barrer le passage, et se mettent à
battre des ailes en faisant le plus de bruit possible.
Les poissons, effrayés, s'enfuient vers le bord. Mais
les pélicans s'avancent tous ensemble, toujours en
battant des ailes... Les poissons reculent à mesure,
se resserrant dans un étroit espace, entre le rivage
et leurs ennemis. Alors ceux-ci plongent tous en

1. Z. Gerbe e A. d'Orbigny.

Pélicans péchant en commun.

même temps dans l'eau où les poissons se trouvent comme entassés, et en quelques instants ils ont rempli leurs *sacs à provisions*.

Cormoran.

Si l'on avait pu domestiquer le pélican, le dresser à chasser pour notre propre compte, à nous apporter le poisson qu'il prend, comme le chien de chasse rapporte le gibier à son maître, c'eût été, n'est-ce pas? une excellente acquisition. Malheureusement on n'a pas pu réussir complétement à lui donner cette éducation; il est trop vorace : un gourmand n'est bon que pour lui-même !

Il y a un autre oiseau de mer, le *cormoran*, qui n'a pas de sac, et qui est moins bon pêcheur que

La pêche au cormoran en Chine.

le pélican ; mais du moins il est susceptible de s'apprivoiser.

— Il rapporte le poisson à son maître?

— Oui, très exactement. Il est vrai qu'on a la précaution de lui passer d'abord au cou un anneau qui, sans le gêner, l'empêche d'avaler le poisson. Si vous allez un jour en Chine, vous pourrez voir cela. Le pêcheur chinois amène ses cormorans apprivoisés là où il croit rencontrer du poisson. Ces oiseaux volent en tournoyant au-dessus de l'eau, ou se perchent sur le bord de la barque, et de là guettent le *gibier à écailles.* Quand ils ont saisi le poisson, ils le rapportent à leur maître. Le Chinois prend ce qu'il y a de meilleur, et leur abandonne le reste. Ou bien, quand sa provision est faite, il laisse ses *cormorans de chasse* pêcher pour leur propre compte. — C'est bien le moins qu'il leur doive !

Questionnaire

A quel ordre d'oiseaux appartiennent les oiseaux de mer?
De quoi se nourrissent-ils?
Comment saisissent-ils le poisson?
Sont-ils généralement voraces?
Pourquoi ont-ils les pieds palmés?
Comment sont-ils préservés du froid et du contact de l'eau?
Comment appelle-t-on la propriété de ne pas se laisser pénétrer par l'eau?
Appartient-elle exclusivement au duvet des oiseaux aquatiques?
Comment nomme-t-on ceux qui, ayant de grandes ailes, volent très haut et très rapidement?
Quels sont les oiseaux de mer les plus communs sur nos côtes?
Quelle est la taille de l'hirondelle de mer?
Comment pêche-t-elle ordinairement?

Les mouettes sont-elles de grande taille ?
Et les goëlands ?
Y a-t-il beaucoup d'oiseaux dans les mers glaciales du Nord ?
Et dans les mers glaciales du Sud ?
Quels rivages habitent-ils de préférence ?
Sont-ils nombreux et détruisent-ils une grande quantité de poisson ?
Qu'est-ce que le *guano* ?
Où le trouve-t-on ?
Quel usage en fait-on ?
Quel est le plus étrange des oiseaux pêcheurs ?
Où trouve-t-on les *pélicans* ?
Ces oiseaux pêchent-ils seulement dans la mer ?
Quelle est la taille des pélicans ?
Leur poids ?
Quelle est la couleur de leur plumage ?
Quelle est la forme de leurs pieds ?
Ce sont donc encore des *palmipèdes* ?
Les pélicans ont-ils de grandes ailes ?
Volent-ils aisément ?
Quelle est la forme de leur bec ?
Où est placé leur *sac* ?
Quelle en est la forme ?
Ce sac est-il grand ?
Quel en est l'usage ?
Quel surnom a-t-on donné aux pélicans ?
Sont-ils très voraces ?
Comment pêchent-ils quand ils sont isolés.
Comment pêchent-ils quand ils sont réunis en troupes ?
Qu'appelle-t-on une *baie* ?
Est-il vrai que les pélicans se déchirent la poitrine pour nourrir
  leurs petits de leur sang ?
Qui a pu donner lieu à cette fable ?
De quoi les pélicans nourrissent-ils leurs petits ?
Et les autres oiseaux de mer ?
Le pélican est-il un animal intelligent ?
Peut-on le dresser à pêcher pour un maître ?
N'y a-t-il pas un autre oiseau de mer qu'on parvient à dresser
  pour ce genre de pêche ?
En quel pays fait-on la pêche à l'aide des *cormorans* ?
Comment les pêcheurs chinois s'y prennent-ils ?
Comment pêchent les cormorans ?

LE MANCHOT

(UNE ILLUSION D'OPTIQUE)

—

Pendant cette conversation, le ciel s'était de plus
en plus assombri. Le vent soufflait plus fort, et les
vagues verdâtres *moutonnaient;* c'est-à-dire que
leur crête se frangeait d'une écume blanche, rappe-
lant la laine floconneuse des moutons. Les mouettes
tournoyaient en grands cercles, et se rapprochaient
du rivage : indice d'orage bien connu des pêcheurs.

— Voyez, mes enfants, dit l'institutrice, nous
sommes demeurés trop longtemps ici, hâtons-nous
de rentrer afin de n'être pas surpris par l'*averse.*

Mais il était trop tard : de larges gouttes de pluie
commençaient à tomber.

— Ici, chère amie, venez vite! s'écria Henri qui
avait pris sa course en avant, voici un abri sous le
rocher.

Toute la petite troupe le suivit en courant.

C'était une étroite caverne creusée dans la falaise.
Le sol y était couvert de sable fin. Aux angles des
blocs de granit qui formait la voûte, on voyait scin-
tiller une multitude de petits cristaux chatoyants.

— Nous voici dans la grotte de Robinson, s'écria

Henri tout fier d'avoir découvert cet asile, tandis que les deux fillettes, un peu émues de cette pluie subite, se serraient contre leur jeune maîtresse.

— Mais il faut espérer que nous n'y resterons pas aussi *longtemps*, ajouta Madeleine.

— Quelle averse! disait Berthe.

— L'eau se dépêche de tomber, répliqua l'imperturbable Henri, afin de nous rendre la liberté plus vite. Et de quoi vous plaignez-vous, mesdemoiselles?... Vous voilà parfaitement abritées du vent, de la pluie... Vous avez une grotte qui est un vrai palais! avec du sable d'or sous vos pieds! Aimez-vous les aventures? vous voilà servies à souhait! Un orage auquel il ne manque que du tonnerre!

— Avec tout cela, dit Berthe, nous sommes en prison!

— Oui, mais pour une demi-heure seulement. Que ferons-nous pour passer le temps?

— Je propose trois choses, comme aux gages, dit Henri : Faire de la tapisserie!...

Tout le monde partit d'un éclat de rire.

— Jouer aux dominos!...

Nouvelle explosion.

— Ou...

Les enfants attendaient la troisième.

— Ou... conter des histoires !

— Oui, encore une histoire, dirent en chœur les enfants. Encore une histoire d'oiseau de mer !

— Quelle histoire voulez-vous que je vous dise ? demanda l'institutrice.

— Une histoire d'île déserte, dit Henri.

—Vous ne voulez pourtant pas que je vous répète la
très véridique histoire du fameux Robinson Crusoé,
qui passa vingt ans sur une île déserte, dans une
grotte un peu plus vaste que celle-ci ?... Mais puisque vous tenez aux îles désertes, je vous dirai ce que
votre grand cousin Alfred, qui est maintenant
lieutenant de vaisseau, vit un jour sur une de ces
îles.

Alfred était bien jeune alors, il faisait son premier voyage dans les mers du Sud.

C'était un matin : le soleil était à peine levé, il y
avait du brouillard sur la mer. Déjà, la veille au soir
les matelots avaient aperçu de grands oiseaux de
mer, semblables à des mouettes pour la forme, mais
de très grande taille. C'étaient des *Albatros ;* ils les
avaient vus tourner autour du navire, tantôt en dé-
crivant de grands cercles, tantôt en planant presque
dans les nuages, tantôt rasant la mer en fouettant
les vagues du bout de leurs grandes ailes étendues.
Les marins en avaient conclu qu'une terre était
proche.

Le petit Alfred guettait le moment où il pourrait
découvrir cette terre, annoncée aussi par les calculs
du capitaine. Il était sur le pont, la longue-vue à
l'œil, cherchant tout autour de lui dans la brume,
et n'apercevant rien.

Cependant le brouillard se dissipa peu à peu, et
bientôt notre jeune navigateur put distinguer la silhouette grise d'une côte basse. Cette silhouette devint de plus en plus distincte. Quelques instants
encore, et une île lui apparut, comme enveloppée

de légères vapeurs, et dorée par les rayons du soleil levant.

Albatros.

« Terre ! terre ! cria-t-il dans sa joie, voilà la terre ! »

Vous figurez-vous, mes enfants, quel plaisir on éprouve à découvrir une terre, fût-ce un rocher stérile, quand on n'a vu depuis deux ou trois mois que la mer et le ciel ? Surtout quand on en est, comme l'était Alfred, à son premier voyage ! Mais les matelots, habitués à de telles choses, n'en prenaient pas grand émoi ; ils jetaient de temps en temps un œil distrait du côté de cette terre, qui n'était ni leur but, ni leur patrie.

Alfred regardait toujours.

— Ah ! s'écria-t-il tout-à-coup, je vois les habitants ! Ce sont de petits hommes rangés en file le long des rochers !... Y en a-t-il ! y en a-t-il !... Ou plutôt, non, poursuivit-il, ce ne sont pas des hommes, ce sont des enfants. Ils ont tous des tabliers blancs et des manteaux gris... Mais que peuvent-ils faire là immobiles sur le rivage ? Serait-ce pour nous voir passer ?...

Les matelots secouaient la tête et riaient.

— Que nous conte-t-il là, ce bambin ? disaient-ils, avec ses petits hommes et ses petits enfants. Ce sont sans doute des pointes blanches de rochers qu'il aperçoit.

— Oui, oui, disait toujours Alfred, ce sont bien des enfants, je vois leurs yeux...

— Pardon, excuse ! dit un vieux marin, passez-moi un peu la lunette, sans vous commander.

Mais à peine l'eut-il mise à son œil, qu'il la rendit à Alfred en lui disant d'un air goguenard :

— Ça vous avance beaucoup d'avoir une lunette ! Des petits enfants !... ça !... Avec des tabliers blancs encore ! Ils ont des becs longs comme le doigt, vos petits enfants !...

— Mais alors, demanda Alfred tout déconcerté, qu'est-ce donc ?

— Ce sont des *manchots*, parbleu ! Et ce que vous prenez pour des bras, ce sont leurs ailes.

Le matelot disait vrai.

— Des *manchots !* interrompirent les enfants. Il y a des oiseaux de mer qui s'appellent des *manchots?...*

Grand manchot des mers du Sud.

— Oui! des oiseaux particuliers aux mers du Sud, et très communs sur les rivages de la Patagonie. Ce sont des individus passablement bizarres, à ce point que l'erreur de votre cousin, qui n'en avait jamais vu, était parfaitement excusable. Figurez-vous des

oiseaux gros comme des oies, ou à peu près; et revêtus d'une sorte de duvet roide, ressemblant plutôt à du poil qu'à des plumes. Ces étranges animaux
se tiennent verticalement sur leurs larges pattes
palmées, le corps droit, présentant leur ventre
blanc, assez semblable de loin à un tablier. Quand
ils sont rangés en troupe le long du rivage, immobiles, ou marchant lentement à la file les uns des
autres, on peut fort bien, à distance, les prendre pour
de petits enfants habillés de robes grises. Ce qui
prête singulièrement à l'illusion, c'est que les *manchots* n'ont pas d'ailes proprement dites, mais seulement deux espèces d'ailerons aplatis, couverts d'une
peau écailleuse, qui leur pendent de chaque côté
comme de petits bras; ajoutez à cela une teinte
grise ou brune couvrant leur dos comme un manteau. Chez certaines espèces, une sorte de collier
noir, bordé de jaune, simule une cravate avec son
nœud. Des deux côtés de la tête des touffes de plumes flottantes, rejetées en arrière, figurent une coif-
fure. Vous comprenez qu'on peut facilement s'y
tromper.

Vous ne pouvez vous imaginer rien de plus lent,
de plus gauche, de plus embarrassé de sa personne
qu'un manchot à terre. Mais à la mer c'est un na-
geur d'une étonnante vivacité. Quand il nage, tout
son corps est plongé dans l'eau, d'où sa tête et son
cou sortent seuls. De temps en temps on le voit s'é-
lancer d'un bond prodigieux, comme s'il allait s'envoler... Il y a de bonnes raisons, vous le savez, pour
qu'il n'en fasse rien; et mon lourdaud s'en va re-

tomber dans l'eau la tête la première, à cinq ou six pas de distance, paraissant prendre un vif plaisir à ces rudes cabrioles.

La mer est donc le véritable élément du manchot; il s'y trouve chez lui, et y reste la plus grande partie du temps. On rencontre parfois de ces oiseaux en mer, à plus de cent lieues du rivage, tandis que les *frégates*, oiseaux qui volent très bien, s'en éloignent rarement de plus de quinze ou vingt lieues.

C'est particulièrement pour couver leurs œufs que les manchots vont à terre. Ces œufs, ils les déposent parfois simplement dans quelque trou de rocher; mais quand le sol n'est pas trop dur, ils creusent, pour leur servir de nid, un véritable terrier à la manière des lapins. Là, ils couvent avec patience leurs deux ou trois œufs. Quand les petits sont éclos, ils les conduisent au rivage, et les précipitent dans la mer.

— Pauvres petites bêtes! dit Madeleine, elles doivent quelquefois se noyer?

— Se noyer!... à peine éclos les manchots nagent comme des poissons. Pour ces vrais oiseaux de mer il ne peut y avoir de danger que sur terre.

— Comment cela! et quel danger peuvent-ils courir?

— Parfois des navires abordent aux rivages fréquentés par eux, et on leur fait la chasse.

— Est-ce que c'est un bon gibier? demanda Henri.

— C'en est un fort médiocre; mais quand les pro-

visions manquent, ou sont sur le point de manquer,
on n'est pas exigeant. Toutefois, si l'on chasse les
manchots, c'est surtout parce que leur corps est couvert d'une épaisse couche de graisse, de laquelle on
extrait de l'huile. C'est sous ce rapport une chasse
fructueuse. Les manchots sont en si prodigieuse
quantité, et ces pauvres oiseaux marchent si mal,
qu'il est on ne peut plus facile de les atteindre. On
les poursuit souvent à coups de bâton, et quelques
heures suffisent pour en tuer des centaines.

Il existe un autre oiseau, presque semblable au
manchot, qu'on nomme le *pingouin*.

Cet animal est tout aussi lourd, aussi facile à surprendre, et on le chasse de la même manière que le
manchot; mais le manchot habite les mers du Sud,
tandis que le pingouin ne se trouve que dans les
mers du Nord.

Voici un rayon de soleil, dit tout à coup l'institutrice en interrompant son récit; profitons-en, mes
enfants, pour nous en aller bien vite. La pluie a cessé,
mais le ciel est encore chargé de nuages; hâtons-
nous avant la prochaine ondée.

— Oui, dit Berthe, car nous ne sommes pas des
oiseaux de mer, nous ! l'eau nous mouille.

— C'est vrai, dit Henri, mais nous ne sommes pas
non plus des *manchots*, nous marchons bien !

— Alors ne perdons pas de temps, répliqua l'institutrice en riant, parce que nous ne sommes pas
non plus des *frégates* aux larges ailes... et nous
avons encore une demi-lieue à faire !

Ils sortirent de leur retraite. Henri en se retournant ôta son chapeau, et dit en saluant autour de lui avec une solennité amusante :

—Adieu, grotte hospitalière qui nous as abrités ! Adieu, plage où se sont posés nos pas ! Adieu, mer qui as réjoui nos yeux ! Adieu, nature qui... Belles histoires que...

— Non, non ! dit Berthe, pas adieu belles histoires, puisque l'amie qui nous les raconte s'en vient et reste avec nous !...

—Alors, reprit en souriant l'intelligente maîtresse, ne dites pas non plus : Adieu nature, car pour les yeux qui savent regarder, la nature et Dieu sont partout !

Questionnaire

Y a-t-il des oiseaux de mer qui ne volent pas?
Ces oiseaux ont-ils aussi les pieds palmés?
Dans quelles mers se trouvent les manchots?
Les manchots ont-ils de véritables ailes?
Nagent-ils bien?
Comment sautent-ils hors de l'eau?
Comment se tiennent-ils dans l'eau pour nager?
Plongent-ils bien?
Ces oiseaux vont-ils souvent à terre?
Où font-ils leurs nids?
Comment ce nid est-il fait?
Les manchots peuvent-ils se mouvoir facilement à terre?
Quelle est leur position habituelle?
Quelle est la couleur de leur ventre?
De leur dos?
Quelle est l'apparence de leur duvet?
Ne ressemble-t-il pas plutôt à du poil qu'à des plumes?
Quel est l'ornement bizarre qui pare le cou de certaines espèces de manchots ?

Quel est l'ornement que certaines autres espèces portent sur la
tête ?

Fait-on la chasse aux manchots ?

Dans quel but ?

Que retire-t-on de leur graisse ?

La chair des manchots, et en général de *tous les oiseaux de
mer*, est-elle agréable au goût?

Leurs œufs sont-ils mangeables?

Peut-on retirer quelque utilité de leur duvet?

Pourquoi est-il facile de s'emparer des manchots à terre?

Y a-t-il, dans les mers du Nord, un autre oiseau assez semblable au manchot?

Nommez-le.

Qu'est-ce que l'*albatros ?*

A quel animal ressemble-t-il?

Est-il de grande taille ?

Est-ce un *grand voilier?*

FIN

TABLE

FIN DE LA TABLE.

GODAL. — Coulommiers. Imp. PAUL BRODARD. — PG-11.

www.ingramcontent.com/pod-product-compliance
Ingram Content Group UK Ltd.
Pitfield, Milton Keynes, MK11 3LW, UK
UKHW021021140726
13695UKWH00001B/401